JUEJIANGDELIYUYUNDONG
倔强的力与运动
U0212018
于巧琳 丁心一 主编
哈爾濱工業大學出版社
HITP
HARBIN INSTITUTE OF TECHNOLOGY PRESS

图书在版编目（C I P）数据

倔强的力与运动 / 于巧琳，丁心一主编．— 哈尔滨：哈尔滨工业大学出版社，2016.10
（好奇宝宝科学实验站）
ISBN 978-7-5603-6010-2

Ⅰ．①倔… Ⅱ．①于… ②丁… Ⅲ．①力学—科学实验—儿童读物 Ⅳ．① O3-33

中国版本图书馆 CIP 数据核字 (2016) 第 102719 号

策划编辑　闻　竹
责任编辑　范业婷
出版发行　哈尔滨工业大学出版社
社　　址　哈尔滨市南岗区复华四道街 10 号　邮编 150006
传　　真　0451-86414749
网　　址　http://hitpress.hit.edu.cn
印　　刷　哈尔滨经典印业有限公司
开　　本　787mm × 1092mm　1/16　印张 10　字数 149 千字
版　　次　2016 年 10 月第 1 版　2016 年 10 月第 1 次印刷
书　　号　ISBN 978-7-5603-6010-2
定　　价　26.80 元

《好奇宝宝科学实验站》编委会

前 言

科学家培根曾经说过：“好奇心是孩子智慧的嫩芽”，孩子对世界的认识是从好奇开始的，强烈的好奇心会增强孩子的求知欲，对创造性思维与想象力的形成具有十分重要的意义。本系列图书采用科学实验的互动形式，每本书中都有可以自己动手操作的内容，里面蕴含着更深层次的科学知识，让小读者自己去揭开藏在表象下的科学秘密。

本书内容的形式主要分为【准备工作】【跟我一起做】【观察结果】【怪博士爷爷有话说】等模块，通过题材丰富的手绘图片，向读者展示科学实验的整个过程，在实验中领悟科学知识。

这里需要明确一件事，动手实验不仅仅局限于简单的操作，更多的是从科学的角度出发，有意识地激发孩子对各方面综合知识的认知和了解。回想我们的少年时光，虽然没有先进的电子玩具，没有那么多家长围着转，但是生活依然充满趣味。我们会自己做风筝来放，我们会用放大镜聚光来燃烧纸片，我们会玩沙子，我们会在梯子上绑紧绳子荡秋千，我们会自制弹弓……拥有本系列图书，家长不仅可以陪同孩子一起享受游戏的乐趣，更能使自己成为孩子成长过程中最亲密的伙伴。

本书主要介绍了 57 个关于力与运动的小实验，适合于中小学生课外阅读，也可以作为亲子读物和课外培训的辅导教材。

由于编者水平及资料有限，书中不足之处在所难免，诚恳广大读者批评指正。

编 者

2016 年 4 月

目 录

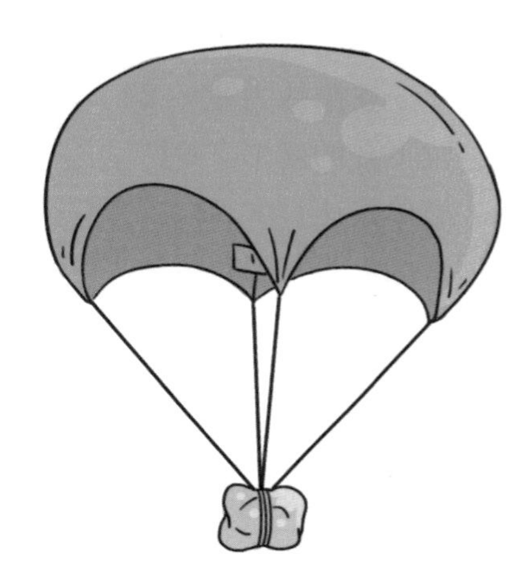

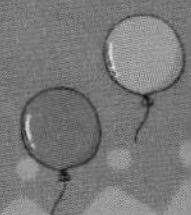

1. 气球飞行比赛

几个小朋友要进行气球飞行比赛，如果你想让自己的气球飞得更远，有什么绝招吗？跟我们一起来做下面的实验吧！

准备工作

- 一个红气球
- 一个蓝气球
- 一个气球专用打气筒

跟我一起做

用打气筒给蓝气球打足气，让它鼓到最大限度。

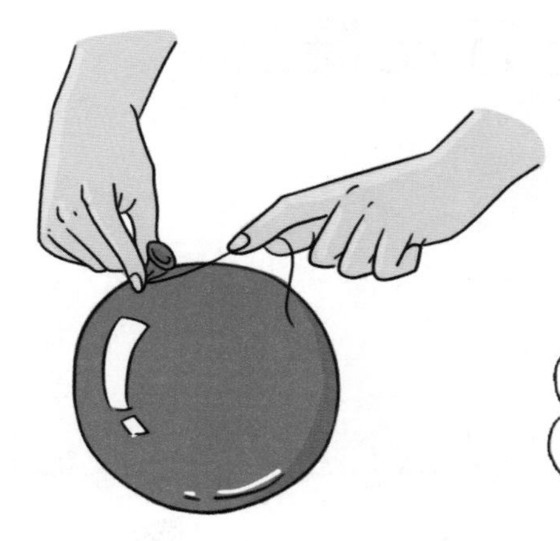

给红气球打气，但是不用打得太满。

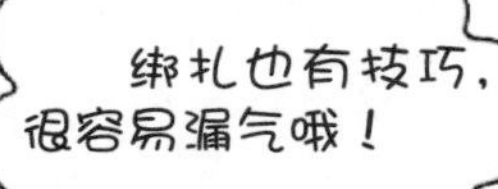

同时放飞两个气球，让它们飞向天空。

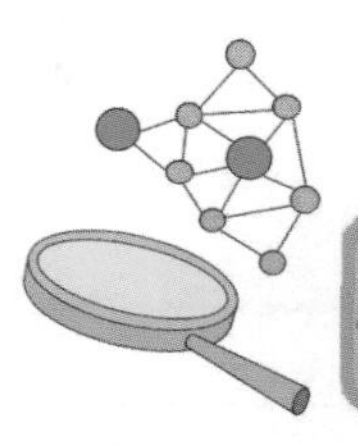

观察结果

你会看到蓝气球比红气球飞得快，但是蓝气球却最先爆破。

怪博士爷爷有话说

小朋友已经看到了，蓝气球打足了气，里面装的气体比较多，个头也变得更大了，这样它受到的空气浮力也就会更大，所以向上飘的速度比较快。随着气球越飞越高，高空的大气变得越来越稀薄，可是蓝气球里面的气体并没有减少，于是蓝气球里面的气体就想往外跑，这样里面的气体就对气球造成非常大的压力而使气球不断膨胀，当气球支撑不住时就会爆破。而红气球里面的气体比蓝气球里的少，受到空气浮力也会小些，所以上升的速度比较慢，因为红气球里面的气体少，对红气球造成的压力也就小一些，所以它会飞得更高，爆破也会更晚些。

有小朋友问我：“婚礼上放飞的气球飞向天空以后，会有什么变化吗？”学了这个实验，小朋友自己去寻找答案吧！

2. 不断上浮的鹅蛋

把鹅蛋放在水里，它是会沉下去还是会浮上来呢？让我们一起做实验来测试一下。

准备工作

- 一个生鹅蛋
- 一个玻璃杯
- 一把小勺子
- 一袋食盐
- 水

跟我一起做

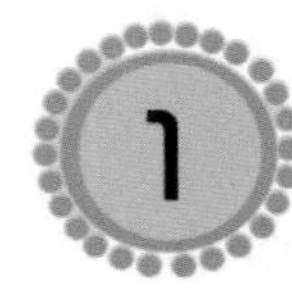

在玻璃杯里加入大半杯水，然后把生鹅蛋放入水里。

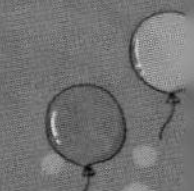

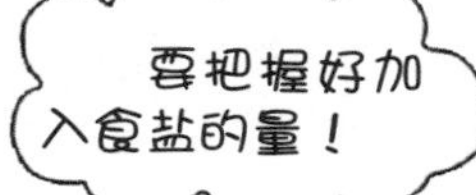

要把握好加入食盐的量！

2

在玻璃杯里加入适量的食盐，用勺子搅拌均匀，仔细观察有什么变化？再次向玻璃杯里加入一些食盐，然后搅拌均匀。这时，生鹅蛋又会发生什么变化？

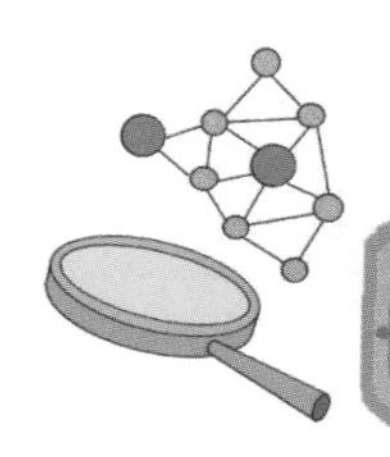

观察结果

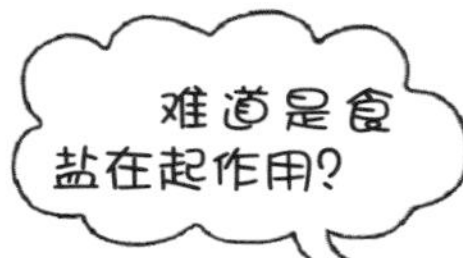

难道是食盐在起作用？

生鹅蛋放入水里，会沉入水底。加入食盐以后，生鹅蛋会慢慢上浮，随着食盐量的逐渐加大，生鹅蛋最终会浮到水面上。

怪博士爷爷有话说

因为生鹅蛋又大又重，所以刚开始生鹅蛋会沉在水底。在水中慢慢地加入食盐之后，水的密度也慢慢变大了，密度变大的水让生鹅蛋受到了更大的浮力。加的食盐越来越多，水的密度越来越大，生鹅蛋受到的浮力也越来越大，最后浮力比生鹅蛋自身的重力还要大，于是浮力就托起了生鹅蛋，生鹅蛋在水中浮起来了。

3. 会冒泡的水

你见过气泡从水中往上冒吗？想知道是什么原因吗，跟随我们一起来做下面的实验，你就知道答案了。

准备工作

- 一个玻璃瓶
- 一根干净的塑料吸管
- 一个气球

跟我一起做

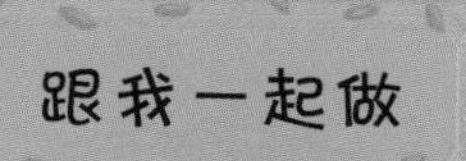

1 在玻璃瓶里装满水，将塑料吸管的一端插入玻璃瓶的瓶底。

2

先将气球吹鼓，再将气球口扭紧，防止气球里的空气跑出来，最后将气球口套在塑料吸管的另一端，并用手指紧紧地捏住。

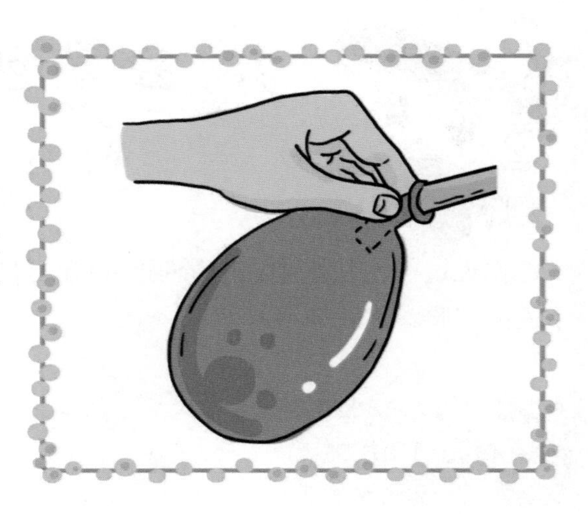

将扭紧的气球口还原，但是还要用手将气球口与塑料吸管固定，让气球里的空气从塑料管里向外放，观察水里塑料吸管末端会发生什么现象，并注意水中的情形。

观察结果

水里的塑料管末端会形成很多气泡，这些气泡会向水面漂浮。当气泡冒到水面时，就会破掉变成气体跑到空气里。

怪博士爷爷有话说

当空气从水中的塑料吸管末端冒出来后，会形成许多个小气泡，它们推挤着周围的水，而水也会推挤着气泡。因为气泡非常轻，所以很快就被推挤到水面，当气泡冒到水面时，就会破掉变成气体跑到空气里。

4. 迷你潜水艇

你知道潜水艇为什么能一会儿把自己藏在海底，一会儿又浮到水面上自由航行吗？现在，让我们亲手做一个小潜水艇，模拟一下它的工作原理吧。

准备工作

- 一个塑料笔帽
- 一个气球
- 一个装有半槽水的水槽
- 几枚大头针

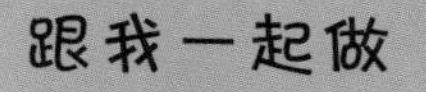

跟我一起做

1 先把气球充满气后套在笔帽上，再将套有气球的笔帽放在水盆里，会发生什么现象呢？

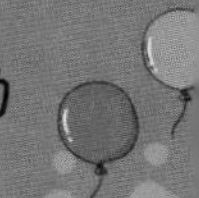

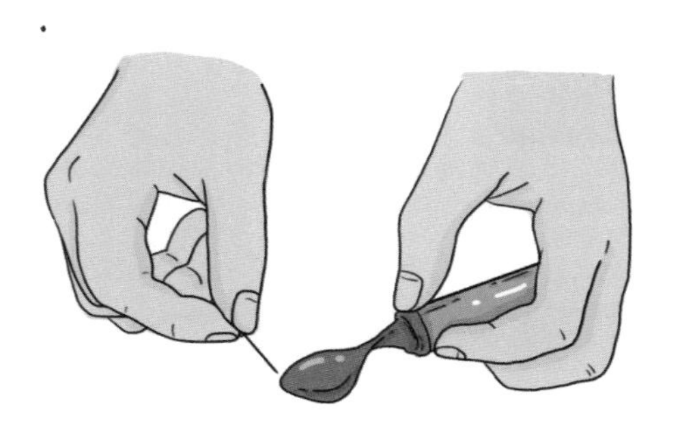

用大头针将气球扎几个小洞。

3

用手把套有笔帽的气球往下按，然后松开手，笔帽会发生什么变化？

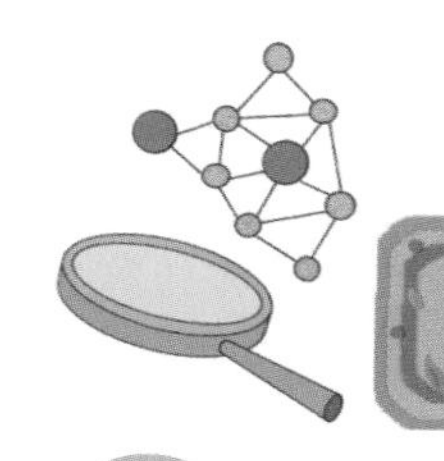

观察结果

第一步中，你会发现，笔帽漂浮在水面上了。

第三步中，你会发现，笔帽逐渐沉下去。

怪博士爷爷有话说

这是一个通过改变物体的自身重力来改变物体在水中的沉浮状态的实验。气球被扎出小孔之后，水盆里的水慢慢地流进了笔帽中，笔帽中的水越来越多，空气就会越来越少，笔帽也变得越来越重，最后慢慢地沉了下去。潜水艇就是利用这个原理，依靠改变自身的重力来实现上浮下沉的。

5. 会变化的浮力

如何改变物体浮力的大小，通过下面这个实验，你很快就能学会了。

准备工作

- 一个玻璃杯
- 一瓶汽水
- 一块橡皮泥

跟我一起做

1 从橡皮泥上捏下来几十粒米粒大小的小块。在玻璃杯里倒入大半杯汽水。

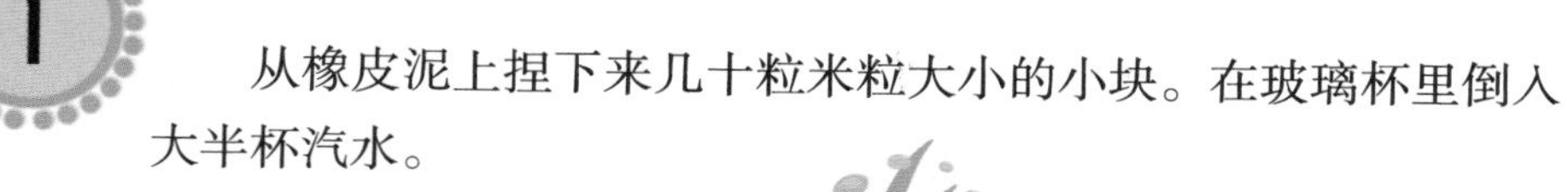

将小块橡皮泥一块一块地放入汽水中，每次放5块就够了。

3

观察汽水里的橡皮泥，有什么变化？

当橡皮泥遇上汽水，互不相干的两种物体，会产生什么现象呢？好期待啊！

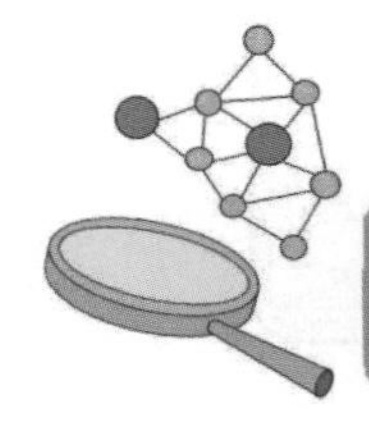

观察结果

橡皮泥上会出现很多气泡。橡皮泥会浮到水面上，翻转过来，然后再沉到杯底。沉到杯底的橡皮泥上又会冒出许多气泡。

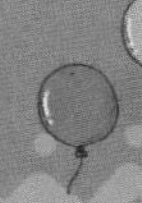

怪博士爷爷有话说

将橡皮泥放入汽水中时，由于橡皮泥的重力大于它在汽水中受到的浮力，于是它就沉下去了。慢慢的，汽水中的小气泡聚集起来并且附着在橡皮泥上，小气泡很轻，当附着在橡皮泥上的小气泡足够多时，小气泡便带着橡皮泥浮到水面上。等到浮到水面上的小气泡破了以后，橡皮泥受到的浮力变小，它又会沉下去。橡皮泥沉到了水底，如果聚集的气泡足够多的话，又会再次浮起来。

6. 看不见的浮力

实心弹力球有重量，而且重量是唯一的。可是，当弹力球被放到水里后，情况就完全不一样了：弹簧秤上的读数不断变化，而且还越来越小，你知道这是为什么吗？

准备工作

- 一个实心弹力球
- 一盆水
- 一张纸
- 一个弹簧秤
- 一根棉线
- 一支笔

跟我一起做

先将一盆水放在地上，再用棉线将实心弹力球缠好并挂在弹簧秤的秤钩上。

称一下实心弹力球的重量，记在纸上。

将实心弹力球慢慢地放到水里，一边放一边注意观察弹簧秤上的读数。

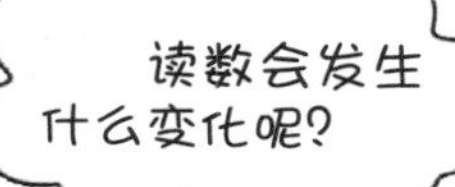

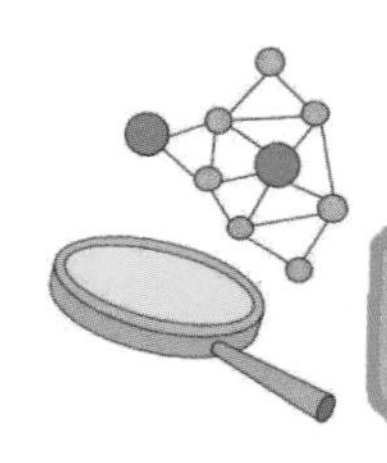

观察结果

你会发现，实心弹力球沉到水里越多，弹簧秤的读数就会变得越小；当实心弹力球完全浸到水里时，弹簧秤上的读数变得更小了。

怪博士爷爷有话说

其实实心弹力球的重量自始至终都没有变过，只是当实心球被放入水中时，它会受到一个向上的浮力，而实心球的重力方向是向下的，并且实心弹力球浸入水的部分越多，它所受到的浮力就越大，因为这个浮力抵消了一部分实心弹力球的重力，所以弹簧秤的读数就越来越小了。

7. 针的沉浮

两根大小一样的针放进水里，一根很快沉入了水底，另一根却浮在了水面上。为什么会出现这样两种完全不同的情况呢？我们一起来看看吧。

准备工作

- 豆油
- 肥皂水
- 一盆水
- 两根大小一样的针

跟我一起做

1 先将豆油涂在一根针的表面上，稍微擦干，再将肥皂水涂在另一根针的表面上，稍微擦干。

2 将涂过豆油的针放进水里，会有什么变化？

将涂过肥皂水的针放进水里，会有什么变化？

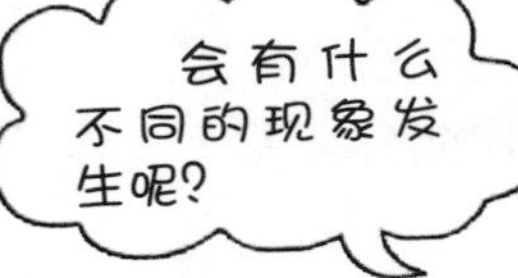

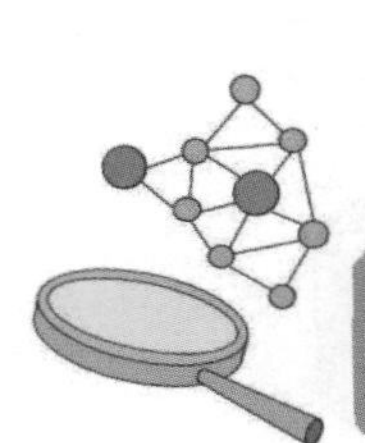

观察结果

在第二步操作中，你会发现，涂过豆油的针很快浮了起来。

在第三步操作中，你会发现，涂过肥皂水的针很快沉入水底。

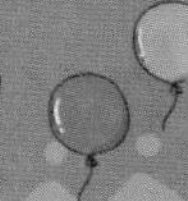

怪博士爷爷有话说

涂了豆油与涂了肥皂水的针到底哪里不一样呢？原来针的沉浮是由水的表面的张力大小决定的。涂过豆油的针能浮在水面上，是因为豆油增加了水的表面张力，而涂过肥皂水的针之所以很快下沉，是因为肥皂水大大降低了水的表面张力。

8. 物体下落实验

小朋友，你们知道物体为什么会下落吗？下落的速度取决于哪些因素呢？

准备工作

- 两张完全一样的报纸
- 几张纸牌
- 一把椅子

跟我一起做

1 将一张报纸揉成团，然后站在椅子上，在同一时刻、同一高度让纸团和展开的报纸同时下落。

在同一时刻、同一高度让纸牌两两一组下落，多尝试一些不同的摆放方式。

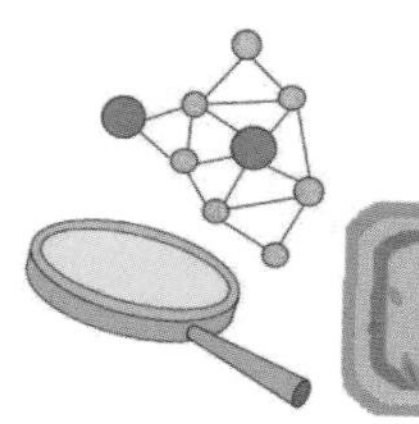

观察结果

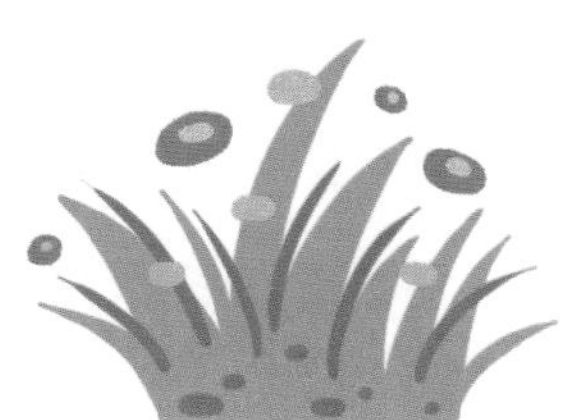

报纸那组中，你会发现纸团落地更快，坠落的轨迹成直线，而展开的纸则慢慢地摇摆着下落。纸牌那组中，你会发现，平着落下的纸牌的下落速度要比垂直坠落的纸牌的更慢。

怪博士爷爷有话说

实验中的物体会下落是因为受到了重力的作用，如果没有空气，所有物体都会以同样的速度垂直地坠落。但空气会阻碍它们的坠落。这是怎么回事呢？一个物体的表面积越大，它所受到的空气阻力就越大，所以下落时速度更慢、线路更曲折一些。例如降落伞，它为什么能够带着人或物品安全着陆呢？就是因为降落伞受到重力，即向地面方向的吸引力，而降落伞伞盖下聚集的空气会抑制住这个力量，减缓其下落的速度。降落伞的伞盖越大，空气给它的阻力就越大。在降落伞的伞盖上有一些开口，让空气可以从此出入，这一设置防止了整个降落伞的随意摆动性和不稳定性。小朋友们，现在对物体下落的原理有一个清晰的认识了吧！

9. 硬币和纸同时落地

硬币和纸，一个轻一个重，怎么会同时落到地上呢？不可思议吧！我们一起来试试看吧！

准备工作

- 一枚一元硬币
- 一张纸
- 一把剪刀

跟我一起做

用剪刀剪出一个和硬币一样大小的纸片。

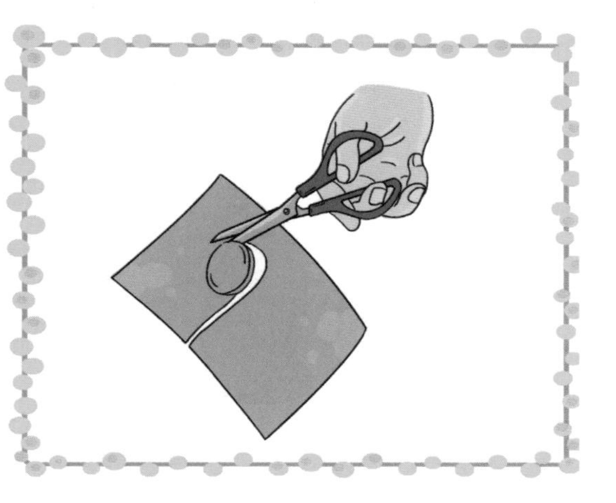

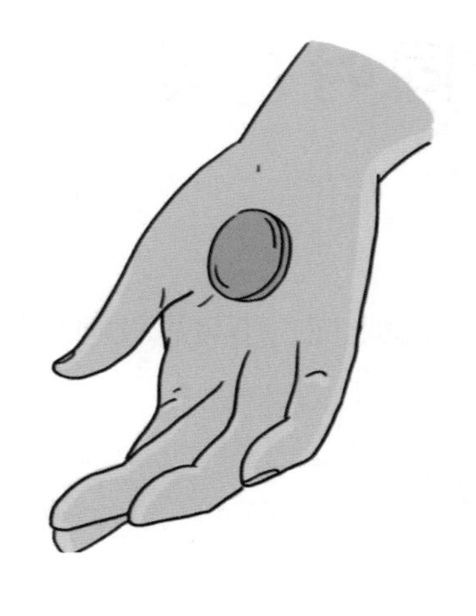

将纸片和硬币紧贴着放在同一只手上，纸片要在硬币的上边。

纸片盖住了硬币，看起来好像只有纸片是不是？

3

拿着硬币的边缘，不要碰到纸片，将它们往下丢，看看会发生什么现象？

观察结果

什么？硬币和纸片居然同时落地。

怪博士爷爷有话说

很多小朋友觉得硬币更重，肯定是硬币先落地。而实际上，当硬币在空气中快速下落时，它会拉住紧跟在后边的空气，硬币上方的气压会把纸片紧紧地压在硬币上，因此硬币和纸片会同时落地。但如果有空气进到它们之间的话，它们就会分开，纸片会以飘动的方式落地，而不是和硬币一起落地。小朋友们，你们听明白了吗？可以将纸片和硬币换成其他两种物品，试一试会有什么新发现。

10. 抽纸牌实验

准备工作

- 一个玻璃杯
- 一张纸牌
- 一枚硬币

跟我一起做

1

先将纸牌放在玻璃杯上，再将硬币放在纸牌中央。

用手指迅速地将纸牌弹出去，要保证纸牌径直向前滑动而不会向上翘起。

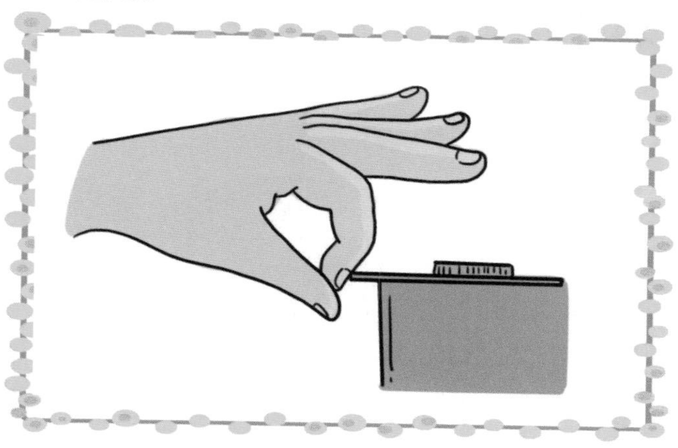

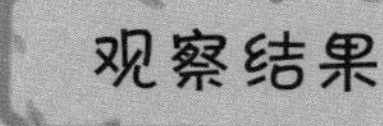

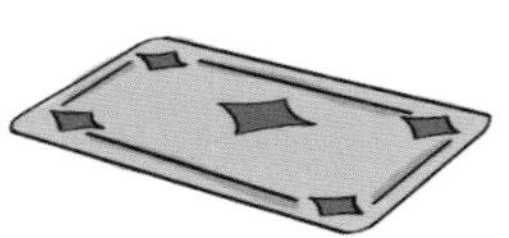

纸牌抽走了，但是硬币却因为纸牌的抽走掉进了杯子里面。

怪博士爷爷有话说

当用手指将纸牌径直地弹出去时，纸牌上的硬币会因为惯性而停留在原地。但由于失去了纸牌的支撑，硬币就掉进了杯子里。小朋友们，除了硬币，你们可以在纸牌上放其他物品试试看，这样能更好地感受惯性的作用。

11. 自制水轮

准备工作

- 一个线轴
- 一根签字笔
- 一张光面卡纸
- 一把剪刀
- 一瓶胶水
- 一个水龙头

跟我一起做

用卡纸剪出4个长方形，宽度和线轴高度相同，长度是宽度的两倍，然后在长边上标记出中线。

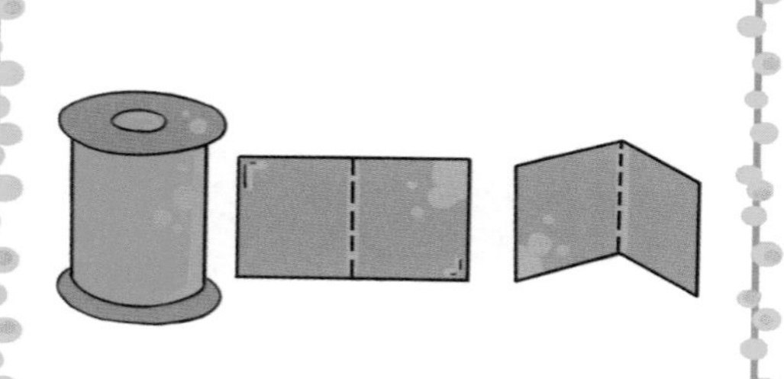

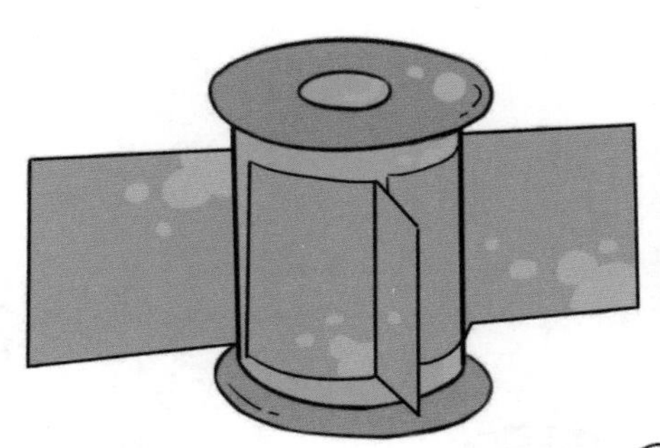

2

沿标记线折叠长方形，然后将每个长方形的一半粘在线轴上。

3

将签字笔穿入线轴中间的洞里，然后水平拿着这个水轮，将其放在水龙头流出的水流下。

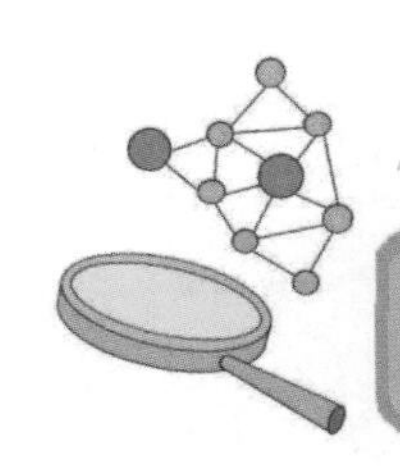

观察结果

你会发现，水让轮子转起来了。

怪博士爷爷有话说

水会让轮子转起来全都是因为重力的缘故，水从水管中下落，冲击桨叶，使得桨叶运动起来，而桨叶连接着圆柱形的线轴，从而带动了整个桨轮的转动。活动的轮子并不会阻止水的下落，它会绕着固定的轴（签字笔）一直转动。

这个实验里的水轮类似于我国最古老的农业灌溉工具——水车。水车一般都是建在水流湍急的地方，利用上游的水流推动水车运动。水车在干旱时可以用来汲水，雨水多时还可以用来排水。它对我国农业发展具有非常大的贡献。

12. 奇怪的乒乓球

准备工作

- 一个乒乓球
- 一颗图钉

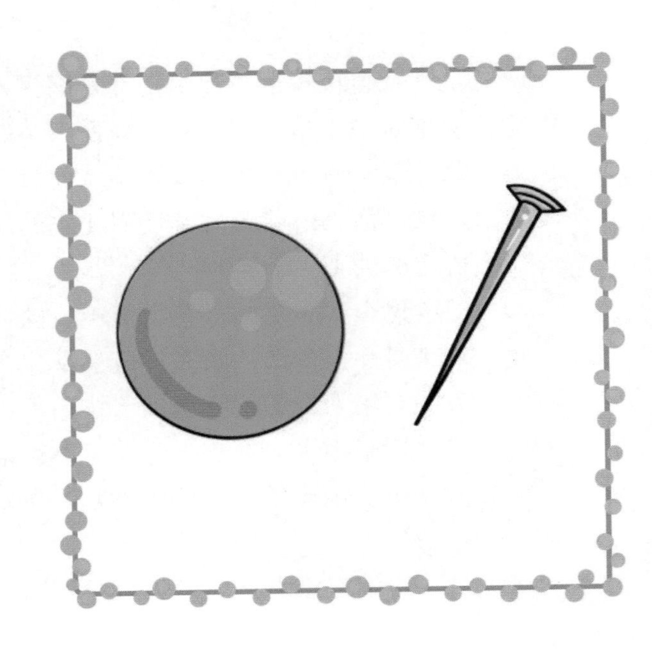

跟我一起做

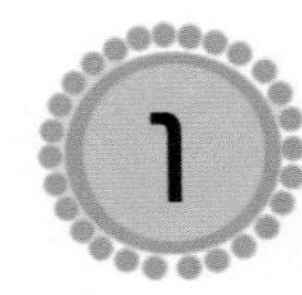

把图钉扎入乒乓球里。

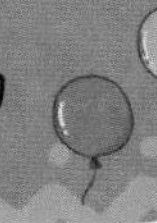

我最喜欢在地上打滚了。咦！什么东西挡住了我？

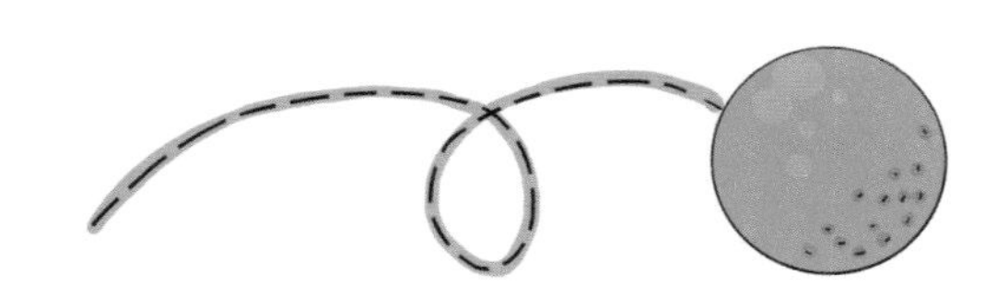

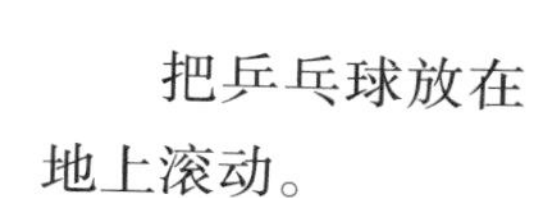

把乒乓球放在地上滚动。

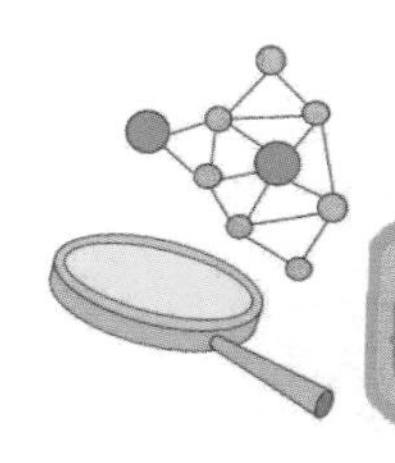

观察结果

当扎有图钉的那部分球面接触地面时，乒乓球会停止滚动。

怪博士爷爷有话说

扎入图钉之前，乒乓球的重心在球的中心。而扎入图钉后，乒乓球的重心就会从球的中心移到有图钉的一侧。扎着图钉的那部分球面与地面接触时，因为受到地心引力的影响，会使整个乒乓球停止滚动。

13. 会爬坡的漏斗

准备工作

- 两把米尺
- 三本相同厚度的书
- 一卷胶带
- 两只同样大小的漏斗

把两本书放在地上，相距大约 80 厘米。

把第三本书放在其中一本书的上面。

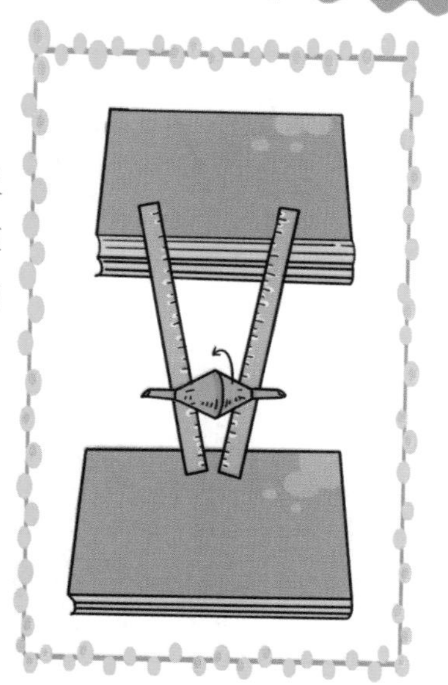

如右图所示，分别将两把米尺的一端架在两本书上，另一端架在一本书上。两把米尺放置成“V”字形，在高的那一端，米尺的间隔比较大。

把两只漏斗面对面放好，中间用胶带粘好。

把粘好的漏斗放在米尺的最下端。

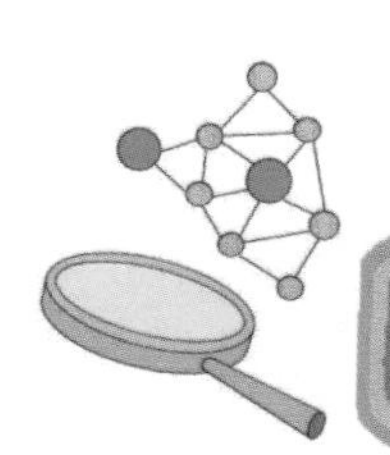

观察结果

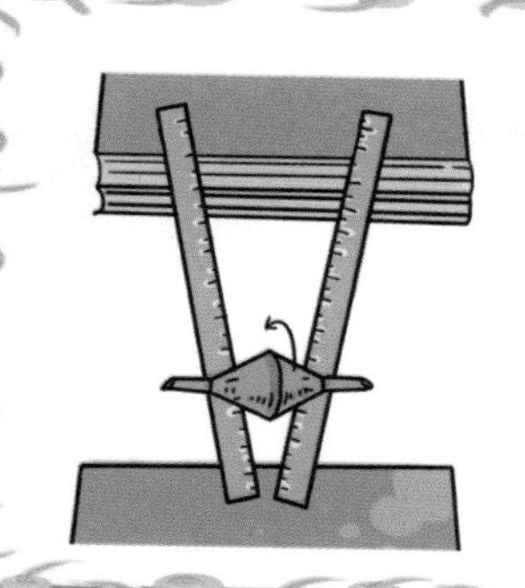

你会发现，漏斗居然会往上滚。

怪博士爷爷有话说

为什么会出现这种情况呢？实际上，当尺子之间的距离变大的时候，漏斗会产生一个新的更低的重心。为了保持自身的稳定，漏斗会轻微地下落并且向前转动。这种向前的运动让漏斗看起来好像正在向上“爬”，而事实上，它们是在向下滑动。小朋友，不要被你的眼睛欺骗了哟！

14. 自制测力计

准备工作

- 一块木板
- 几根棉线
- 一张白纸
- 一个纸杯
- 一把锤子
- 一根钉子
- 一瓶胶水
- 一根橡皮筋
- 一支铅笔
- 一把剪刀
- 几枚硬币

跟我一起做

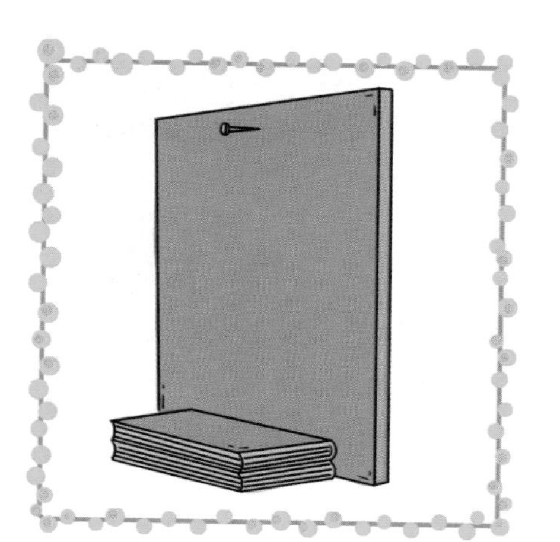

1 在木板上方的中央钉一根钉子，把木板靠在墙壁上（也可以通过在木板旁边放几本书来固定木板）。

2 在钉子下方的木板上用胶水粘一张白纸。

3 先把橡皮筋挂在铁钉上，再用铅笔把橡皮筋的最下端的位置画在纸上。

4 在纸杯上钻三个小洞，在上面系三根棉线。

5 把纸杯系在橡皮筋上，在白纸上记下此时橡皮筋的长度。

6 先在纸杯里放一枚硬币，然后再放进去几枚硬币。每次加完硬币以后，都要在白纸上记下橡皮筋的长度。

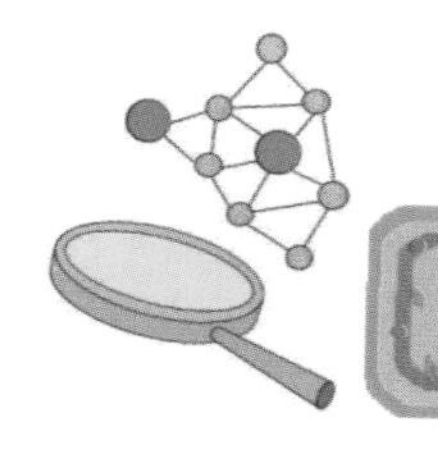

观察结果

纸杯里放的硬币越多，橡皮筋就被拉得越长。

怪博士爷爷有话说

纸杯里放的硬币越多，纸杯的重量就越大，纸杯受到的重力就越大，相应地，橡皮筋也会被拉得越来越长。

15. 小卡车拉重物

准备工作

- 一辆玩具卡车
- 一张桌子
- 一段约 1 米长的绳子
- 一个纸杯
- 一支签字笔
- 一把剪刀
- 若干重物（玻璃球、硬币、铁块等）

跟我一起做

像左图中那样将绳子打好结。

在纸杯边缘相对的位置上打洞，将细绳穿过洞。

2

将另一端的绳子拴在卡车的前部，将卡车放在桌子上，然后让杯子垂在桌子边缘以下。

3

用签字笔标记出卡车出发的位置。

4

将准备好的重物分配给卡车和杯子，检验在哪种情况下，卡车在桌面上行进得更快。

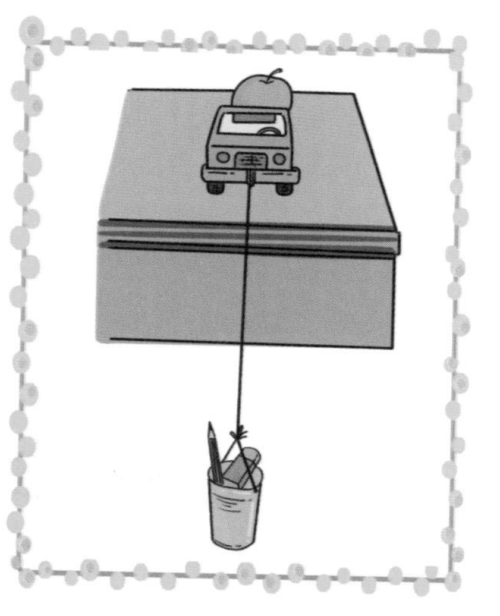

观察结果

卡车前进的速度会随着杯子里重物的增加而增大。卡车上负载的重物增加时，卡车速度则会减慢。

怪博士爷爷有话说

物体运动需要有力的驱使。如果这个力变大的话，物体的运动速度也会加快，反之速度会变慢。实验中，重力向下牵拉着纸杯，然后纸杯又拖着卡车前进。卡车上的重物会抵消部分杯子的重量，所以卡车的速度会减慢。多变换几次放入纸杯和卡车里的物品，能更好地感受力与速度的关系。

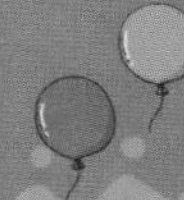

16. 摆的制作

准备工作

- 两个金属螺帽
- 一条细绳
- 一把剪刀
- 一个计时器
- 两把椅子

跟我一起做

将细绳绑在金属螺帽上做成摆。

2 在地上背对背放两把椅子，椅子之间拉起一根长绳子。把系着金属螺帽的绳子拴在这根绳子上面。

3 把金属螺帽拉向一侧，松开金属螺帽的同时开始计时，让摆摆动一分钟，记下在这段时间里金属螺帽摆动的次数。

4 在绳子上多加一个由金属螺帽制成的摆，重复第三步。

5 只系一个由金属螺帽制成的摆，将绳子缩短，重复第三步。

观察结果

在第四步中，你会发现，两个金属螺帽在一分钟内摆动的次数和第三步中的结果一致。在第五步中，你会发现，这时金属螺帽摆动的次数比前两次多。

怪博士爷爷有话说

一个摆的摆长越长，摆动的周期就越长，而摆幅和摆锤的质量并不影响摆的周期，这就是摆的等时性。实验中，我们发现，仅仅改变摆的质量不会影响摆动的周期，但是改变了摆绳的长度后，就会影响摆动的周期。当我们缩短摆绳后，摆动的运动速度明显加快，周期缩短，因此会出现上面的结果。小朋友，你们听懂了吗？

17. 转不停的小球

古时候，人们并没有地球的概念，更不知道地球是在不停地自转。实际上，地球每时每刻都在自转。我们一起来做下面的实验验证下吧！

准备工作

- 一根绳子
- 一个小球
- 一张长方形的硬纸
- 一卷胶带
- 一支签字笔

跟我一起做

1 先将小球系在绳子上，再用胶带把系有小球的绳子粘贴在天花板上。

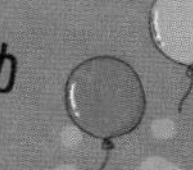

把纸粘在小球正下方的桌面上，用签字笔在纸上画一条线，让小球沿着纸上线条的方向来回摆动。

两个小时后，观察有什么变化？

为什么会发生这样的变化呢？真是想不通啊！

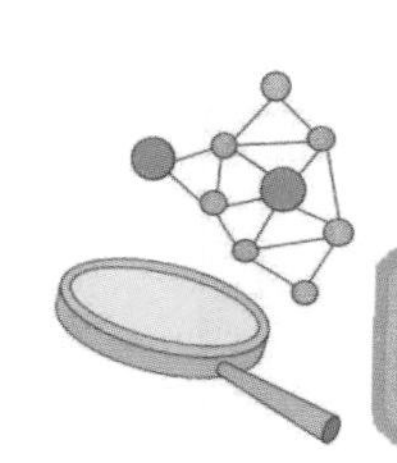

观察结果

小球虽然还在摆动，但是已经发生了偏移，不再沿着纸上线条的方向摆动了。

怪博士爷爷有话说

为什么会发生偏移呢？因为地球时时刻刻都在自转，地球上的物体也会随之转动，所以当我们的房屋改变位置以后，桌面上的纸也会改变位置。由于摆动的小球具有保持摆动方向不变的特点，所以小球的摆动方向与纸上线条就会发生偏离。

18. 碰撞的苹果

两个分别悬挂着的苹果，距离也不算近，且保持静止，如果不动手，怎么样才能让两个苹果打起架来呢？

准备工作

- 两根细绳
- 一个吊架
- 两个大小差不多的苹果

跟我一起做

两个苹果别靠得太近。

1

用两根细绳分别将两个苹果悬挂起来。

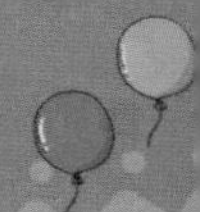

在两个苹果之间用力吹气，两个苹果会有什么变化？

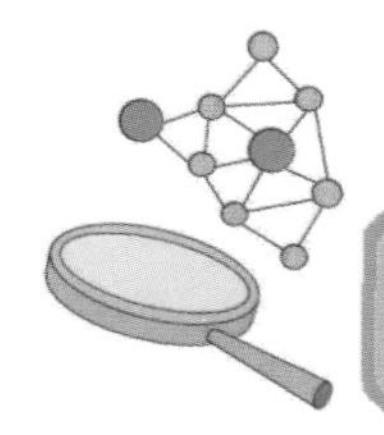

观察结果

两个苹果动起来并发生碰撞，就像在打架一样。

怪博士爷爷有话说

所有物体周围都存在空气，都被空气包围着，苹果周围也充满了空气。实验中，对着两个苹果之间吹气后，两个苹果中间的空气就会减少，气压就会降低，而此时周围的气压就高于苹果中间的气压了。因为空气总会从多的地方流向少的地方，于是会把苹果往中间挤压，最后苹果就撞到了一起。

19. 生鸡蛋还是熟鸡蛋

准备工作

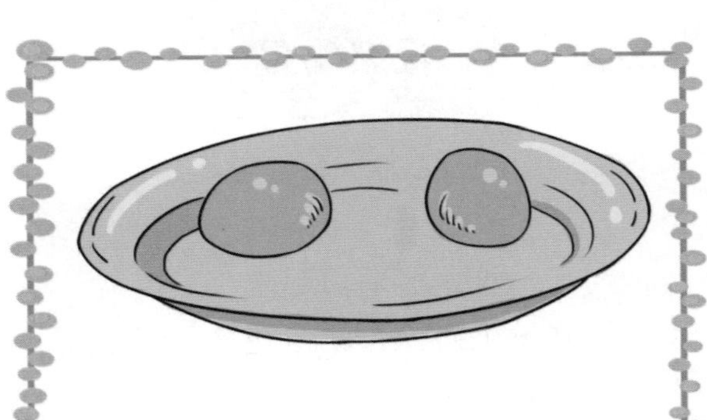

- 一个盘子
- 一个生鸡蛋
- 一个熟鸡蛋

跟我一起做

1. 让爸爸妈妈帮忙准备一个生鸡蛋和一个熟鸡蛋。

2. 把这两个鸡蛋装在盘子里，分别转动两个鸡蛋。

3

用一根手指轻轻触碰两个鸡蛋使它们静止，然后马上把手松开。

观察结果

两个鸡蛋中的一个静止不动了，另一个重新开始转动。

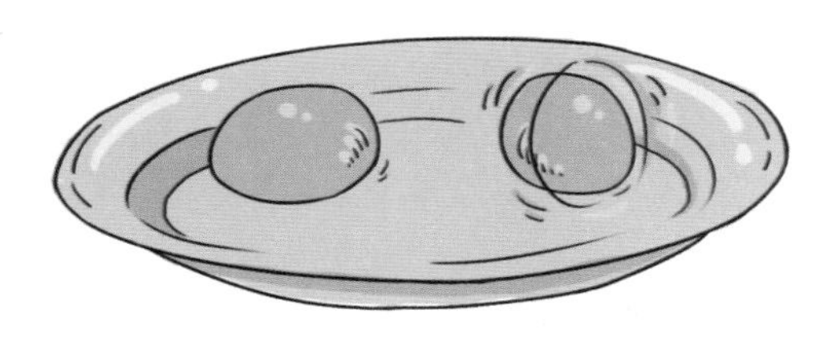

怪博士爷爷有话说

实验的答案是：重新开始转动的鸡蛋是生鸡蛋。因为生鸡蛋转动时，它的蛋壳与内部的蛋清蛋黄会一起转动，当鸡蛋停止转动时，它内部的蛋清和蛋黄还会因为惯性而继续转动。我们将手指拿开，蛋壳还会重新被带着运动。

20. 甩出去的塑料球

准备工作

- 一个塑料球
- 一个玻璃杯

跟我一起做

将塑料球放进玻璃杯里。

抓住杯子底部，然后快速旋转。

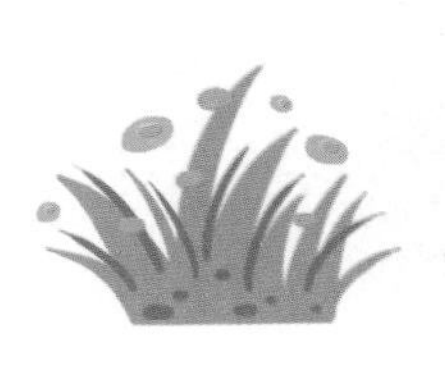

3 继续旋转杯子，直到塑料球到达杯子边缘并且飞出。

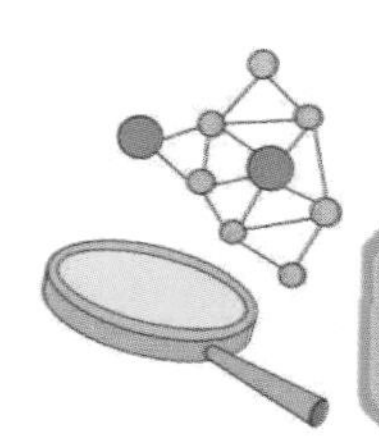

观察结果

一定要握紧杯子，控制好速度！

第二步中，你会发现塑料球被转动起来，并逐渐沿着杯壁上升。

第三步中，你会发现塑料球沿直线从杯子中飞出。

怪博士爷爷有话说

先来解释第二步，当一个物体快速转动时，会在一种被称作离心力的作用力的影响下，倾向于远离中心向外部运动。离心力可以帮助物体克服重力，因此塑料球会在围绕杯壁转动的同时逐渐上升。

再来说说第三步，只有当存在一个不断改变物体运动方向的外力时，旋转的运动才得以维持。一旦缺少了这个外力，物体就会开始沿直线运动。实验中，玻璃杯壁在旋转的过程中会提供一个朝向中心的力，即向心力，影响和控制着塑料球的运动。当塑料球飞出玻璃杯后，之前积蓄的动量会让塑料球继续运动，但是运动轨迹变成了直线。

21. 洗衣机甩干衣服的原理

准备工作

- 一张厚纸板
- 一个圆规
- 一个眼药水瓶
- 一杯水
- 一根牙签
- 一把剪刀

注意别剪到手！请爸爸妈妈帮忙一起做。

跟我一起做

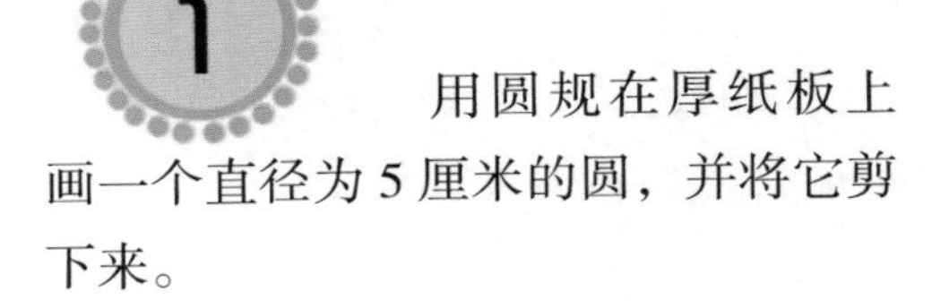

1 用圆规在厚纸板上画一个直径为5厘米的圆，并将它剪下来。

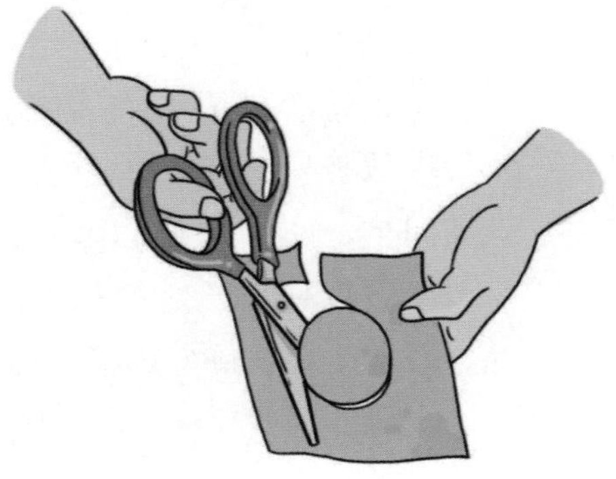

2 将牙签穿过圆纸板的圆心。在眼药水瓶中装满水。

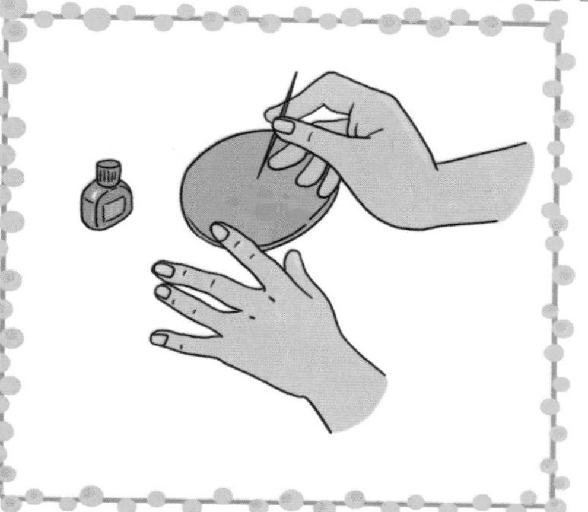

3 用左手食指与拇指来回移动牙签，带动圆纸板转动。右手拿着眼药水瓶，向转动的圆纸板上滴水。

观察结果

你会发现圆纸板在旋转时，会带动纸板上的水滴一起做圆周运动，并将水滴甩出去。

怪博士爷爷有话说

任何物体围绕圆心做圆周运动时，都会向远离圆心的方向运动，这就是离心现象。实验中，小朋友已经看到了，拿着牙签转动纸板，再把水滴滴到纸板上，水滴就会跟着纸板一起旋转做圆周运动。水滴因为受到离心力的影响，无法停留在纸板上，于是就被甩了出来。离心力的作用还真是够强大啊！

22. 不会洒出来的水

当我们端着装有水的杯子走路时，很容易洒出来，而送外卖的外卖箱里的汤汁却不会洒出来，这是为什么呢？

准备工作

- 一个平底的盒子
- 一个装满水的杯子
- 一个透明的塑料袋

跟我一起做

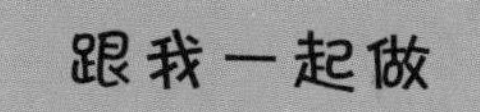

1. 将平底盒子平放在塑料袋中，然后将塑料袋四个侧面各剪下一块，以便看到里面的盒子。

2. 拿一个杯子，装满水后，小心平放进盒子里面。

将塑料袋拎起来随意走动，观察有什么变化吗？

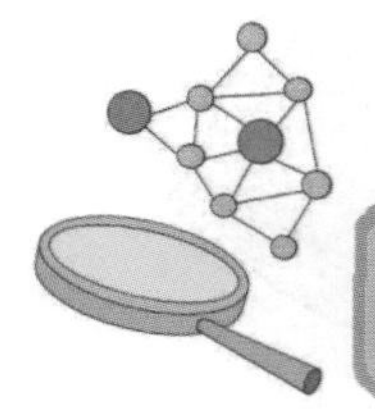

观察结果

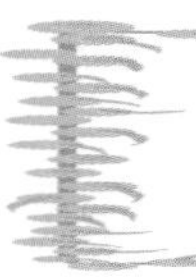

你会发现，杯子里的水一点儿也不会洒出来。

怪博士爷爷有话说

首先，塑料袋能吸收由于人手的抖动而产生的振动，再者，小朋友们提起塑料袋并且走动时，塑料袋就会以拎着的手为中心做钟摆运动。杯子和水的重力提供了向心力，所以水不会洒出来。

23. 能提起重物的纸

什么？纸还能提起重物？许多小朋友可能不相信这是真的，让我们一起来做做看吧！

准备工作

- 一张厚纸片
- 一个水壶
- 水
- 一根绳子

跟我一起做

一定要打好绳结，不然会影响后面的实验哦！

先将水壶里装满水，再将绳子穿过水壶的把手处，打个死结。

把厚纸片对折打开，再将底部1/4的部分向外折起来，再对折。

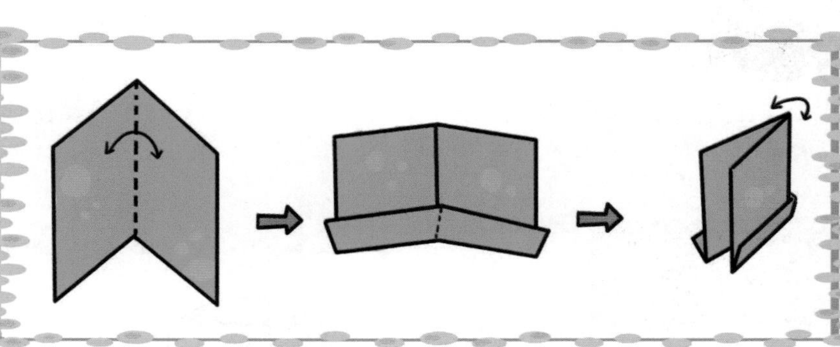

将壶上的绳子平放在厚纸片所形成的折线内，然后试着提起水壶。

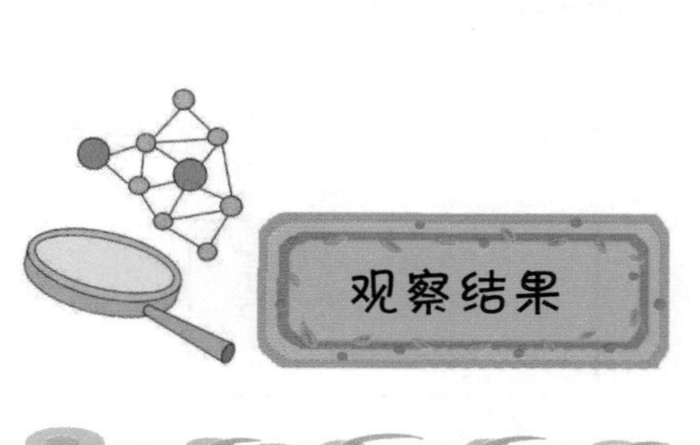

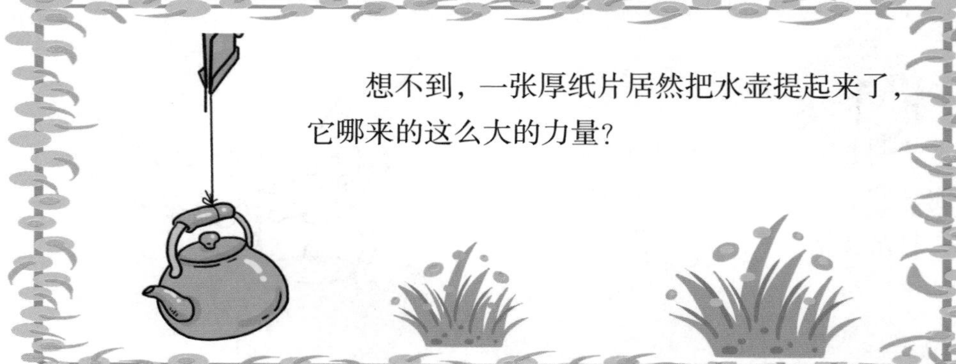

想不到，一张厚纸片居然把水壶提起来了，它哪来的这么大的力量？

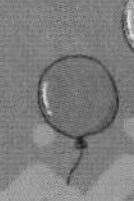

怪博士爷爷有话说

实验中，纸之所以能提起水壶，是拉力和摩擦力共同作用的结果。为什么这样说呢？纸与纸之间有很大的摩擦力，能将绳子夹住不动，再加上厚纸片的厚度让它具有十分强韧的拉力，因此，装满水的水壶就能被提起来了。因此当我们遇到不好拿的物品时，可以利用这个办法提起它。

24. 抽纸实验

被装满水的杯子压住的硬纸，你能想办法把它抽出来吗？

准备工作

- 一个装满水的水杯
- 一张硬纸

跟我一起做

用水杯将硬纸压在桌子上。

小心地去抽取被压住的硬纸，试试能抽出来吗？

快速地抽动硬纸，水杯有变化吗？

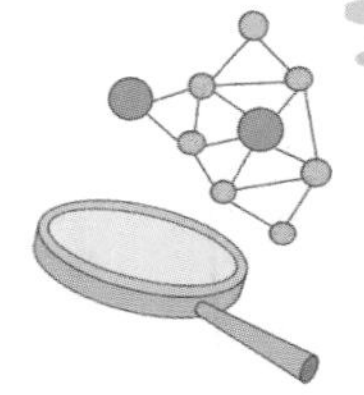

观察结果

第二步中，你会发现，只能拉动硬纸和杯子一起向前移动，纸却抽不出来。

第三步中，你会发现，硬纸已经被抽出来，桌子上的水杯也不会掉下来。

怪博士爷爷有话说

快速地抽开硬纸时，杯子由于惯性的作用仍会保持在原地不动。而当我们缓慢拉动硬纸时，杯子也会跟着移动，是因为杯子与硬纸之间存在摩擦力，这个摩擦力能带着杯子一起移动。但是快速抽出硬纸时，杯子与硬纸之间的摩擦力无法带给杯子同样快的移动速度，杯子就不能和纸一起运动了。实验中，一定要擦干净杯壁和杯底哦！

25. 叉子平衡术

杂技演员在表演走钢丝时，手里经常会握着一根长长的竿子来保持平衡。长竿是如何保持人体平衡的呢？一起通过下面的实验来了解一下吧。

准备工作

- 一个土豆
- 一根铅笔
- 两把叉子
- 一个玻璃杯

跟我一起做

注意别扎到手哦！

1 把铅笔慢慢地插进土豆里面，让铅笔的笔尖刺穿土豆后露出来。

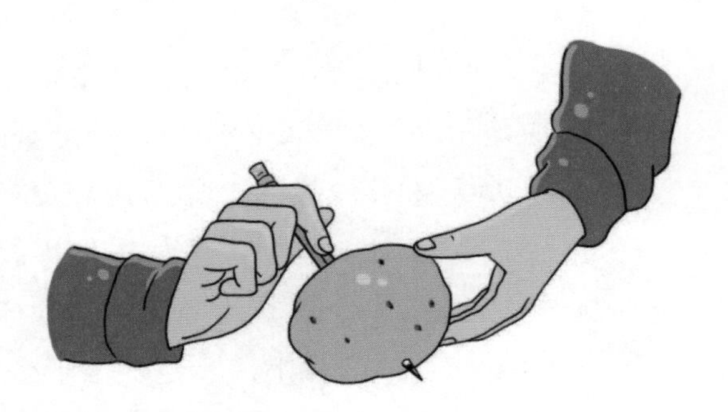

分别把两把叉子插入土豆的两边。

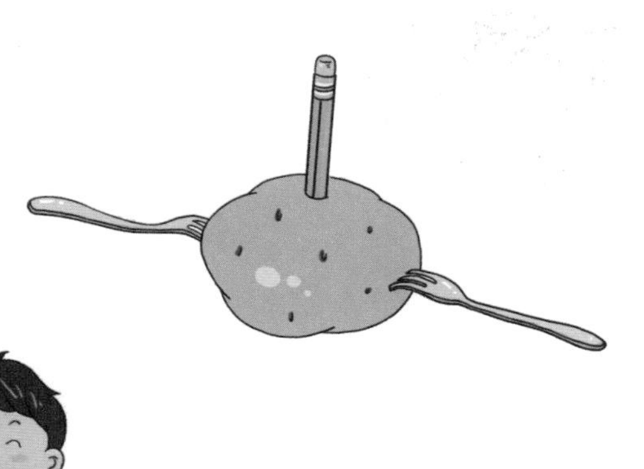

要注意两边对称。

3

先将玻璃杯倒扣在桌子上，然后试着将上面做好的土豆立在玻璃杯上，注意只能让铅笔尖接触杯底。

好期待！能成功做到吗?

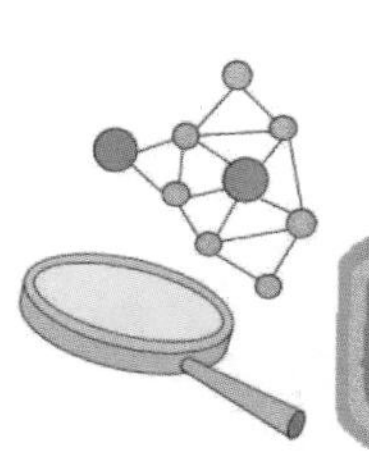

观察结果

你可以看到，土豆组合居然立在了杯子上面。

怪博士爷爷有话说

通过这个实验，小朋友们能学到，一个物体的重心越低，并且越接近这个物体所在的平面，那么这个物体的稳定性就越好。实验中铅笔又细又长，当它立着时，它的重心很高，并且立着时在玻璃杯上的支撑点只有笔尖那么小，所以单独一支铅笔是不可能立在上面的。插上土豆组合后，重量加大，重心降低，使铅笔尖成为重心，所以这个组合就能立在杯子上并保持平衡了。

26. 铁砂掌断木板

用力劈开报纸下边的木板，木板折断，报纸却丝毫未动，这是怎么回事呢？

准备工作

- 20 张报纸
- 一条厚毛巾
- 一块薄薄的木板（长度是报纸宽度的一倍）

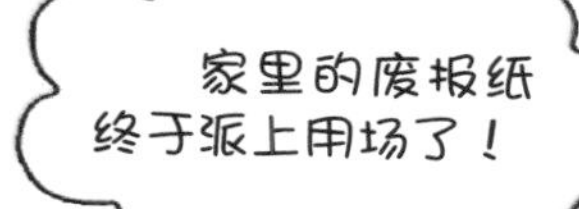

跟我一起做

把木板平放在桌子上，一半在桌子上，一半在桌子外。

将 20 张报纸整齐地叠放在一起，然后压在木板上。

3 在手上包上一条厚毛巾，然后用力劈向桌子外面的木板。

观察结果

你会看到，薄木板立刻就断了，但是报纸却依然完好，一点都没有移动。

怪博士爷爷有话说

做这个实验时，用力劈木板，就会给木板施加一个力，而这个时候，木板又会产生一个翘起来的上扬力，报纸受到了上方大气压向下方的力，这个力与报纸的重力合在一起，与报纸受到的上扬力相互平衡，刚好抵消。因此木板虽然被折断了，但是报纸依然一动不动。

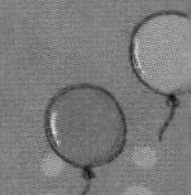

27. 杠杆的作用

准备工作

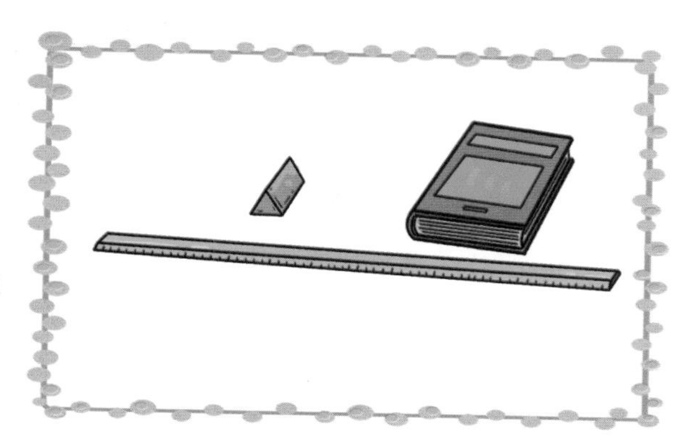

- 一个三棱柱
- 一本较重的书
- 一把长约60厘米的木质直尺

跟我一起做

将三棱柱放在桌面上，然后将直尺的中央搭在三棱柱上。

2 将书本放在直尺的一端，用一只手按压另一端。

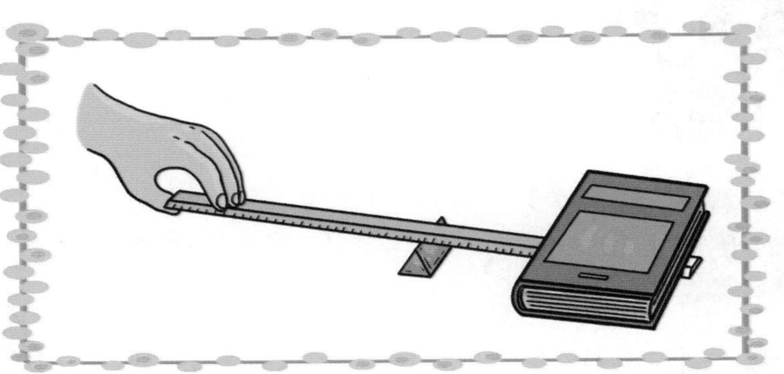

滑动直尺，将书本沿直尺向三棱柱靠近，然后重新尝试用手按压另一端。

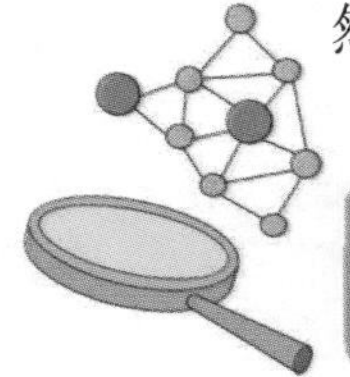

观察结果

第二步中，你会发现，直尺放书的一端下沉与桌面接触，用手在另一端按压，抬起书本需要较大的力气。

第三步中，你不用怎么费力，书就被抬起来了。

怪博士爷爷有话说

小朋友们有没有发现，这个实验中的直尺实际上充当了杠杆的作用，而三棱柱就是一个支点。重物的位置越靠近支点，施力的位置越远离支点，杠杆就越有效。生活中有很多这样的应用实例，例如铁锹、开瓶器等。

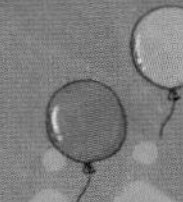

28. 自动摇摆的“跷跷板”

你玩过“跷跷板”吗？跷跷板至少得有两个人玩，才能摆动起来。下面我们要做的“跷跷板”实验，它可会自动摇摆的哟！

准备工作

- 一根硬吸管
- 两枚回形针
- 一根两头尖的牙签
- 两根细蜡烛
- 两个杯子
- 一个打火机

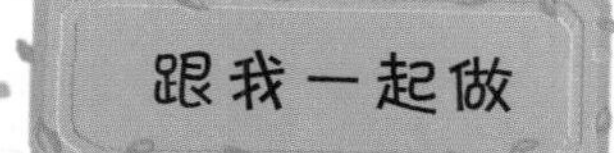

跟我一起做

1. 将牙签横穿过吸管的中央部位，蜡烛插在牙签的两端。

2. 把两枚回形针分别卡在两个杯子的杯口。

3

把硬吸管穿过回形针固定在杯沿上，这样，“跷跷板”就做好了。

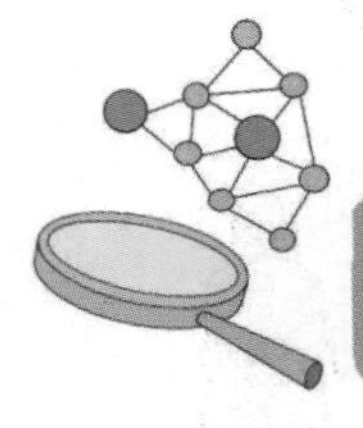

好新奇的蜡烛跷跷板！点蜡烛时别烧到手哦！

观察结果

点燃蜡烛，“跷跷板”就开始自动摇摆起来了。

怪博士爷爷有话说

开始的时候，跷跷板的重心正好在牙签中心，两根蜡烛才能够保持平衡，当有一端的蜡液落下来时，蜡烛就会变轻，重心也会转移到重的一端。这样，当两端的蜡烛轮流滴下蜡液时，重心也跟着循环转移，“跷跷板”就会自动摇摆了。

29. 哪种开罐方法更省力

我们使用螺丝刀开罐头时，是长螺丝刀好用，还是短螺丝刀好用，让我们一起来试试吧！

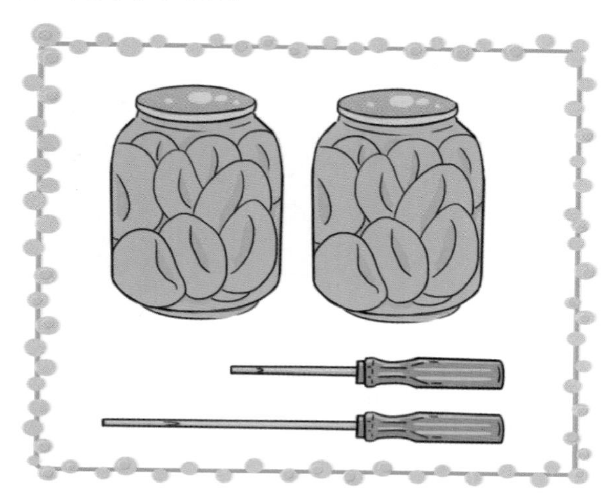

准备工作

- 两瓶黄桃罐头
- 一把长螺丝刀
- 一把短螺丝刀

跟我一起做

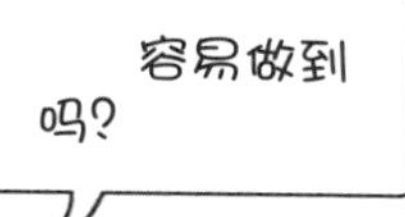

先用长螺丝刀开启黄桃罐头。

再换用短螺丝刀开启黄桃罐头。

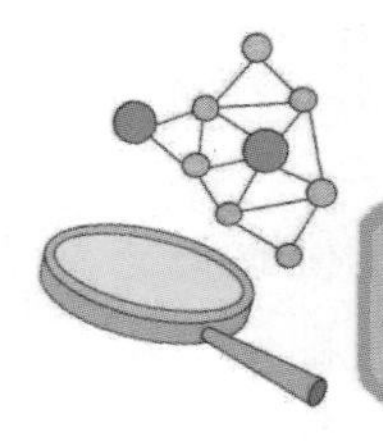

观察结果

你会发现，用长螺丝刀开启罐头比用短螺丝刀更省力。

怪博士爷爷有话说

为什么长螺丝刀更容易开启罐头呢？这跟杠杆和力矩有关。长螺丝刀开启罐头更省力是因为它的力矩更大一些。下面说说什么是力矩？力矩等于作用在杠杆上的力乘以支点到力的作用线的垂直距离。在用力一定的情况下，支点到力的作用线的垂直距离越大，就越容易开启罐头。也就是说长螺丝刀到力的作用线的垂直距离要大一些，所以才更容易开启罐头。

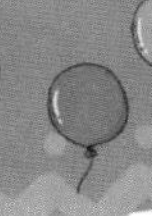

30. “金鸡独立”的硬币

你相信一张普通的纸币能稳稳地立在桌面上吗？如果我告诉你，还可以在它的上方放置一枚硬币，你觉得是真的吗？

准备工作

- 一张100元新的人民币
- 一枚1元硬币

跟我一起做

1

将100元人民币对折，角度保持在直角位置，将人民币垂直放在桌面上，在人民币对折的位置上方放上一枚一元硬币。

小心捏住纸币的两端，慢慢向两边拉开。

在拉开纸币的过程中，会有什么新发现？

观察结果

硬币可能会稍稍晃动，但是当纸币被拉成一条直线时，硬币却不会掉下来。

怪博士爷爷有话说

纸币渐渐拉开的过程中，会和硬币产生摩擦，硬币的重心也跟着移动，来保持两者之间的平衡，当纸币被拉成直线时，硬币的重心也刚好落在这条直线上，所以才不会掉下来。小朋友，快拿出你的压岁钱，一起试试吧！

31. 失衡的塑料盒

准备工作

- 正方形有盖的塑料盒
- 5 枚硬币
- 一卷胶带
- 一张桌子

跟我一起做

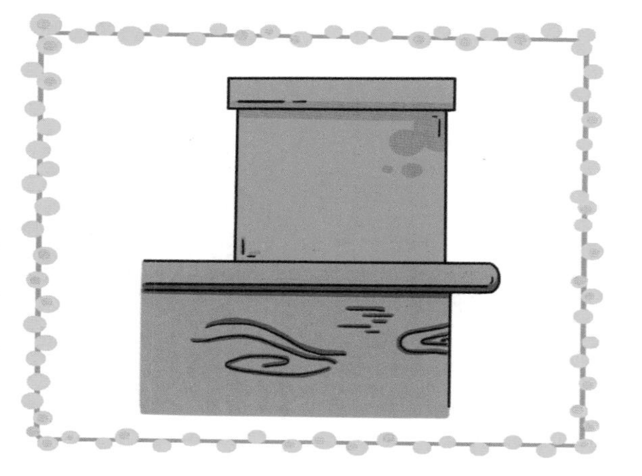

1 将塑料盒放在桌子的边缘处，然后一点点挪动它，让它的位置逐渐超出桌边。

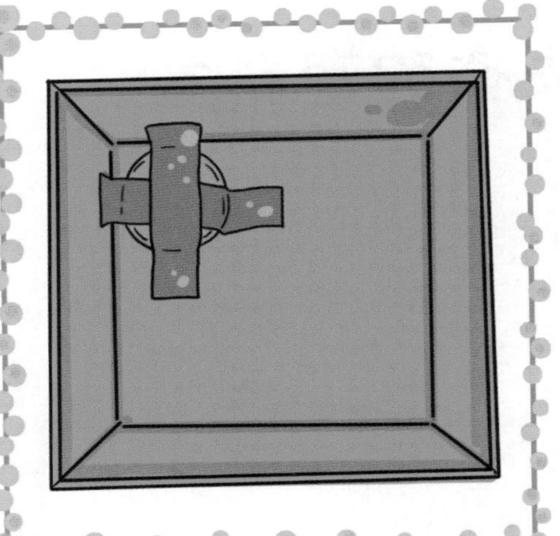

2

打开塑料盒，用胶带将 5 枚硬币固定在盒内的一个角落里。

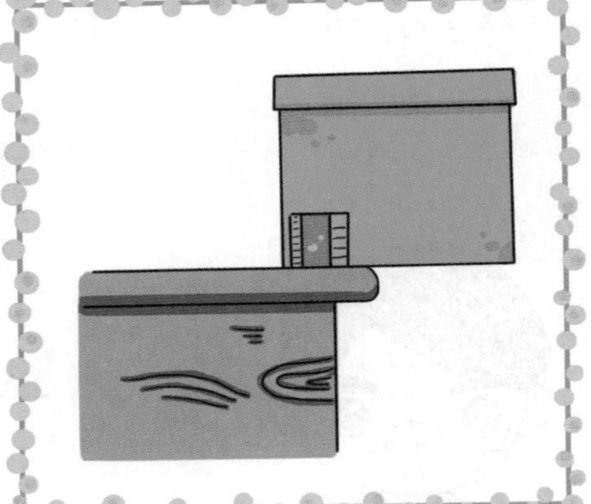

3

将塑料盒放在桌子上，然后慢慢推它，使它超过桌子边缘。

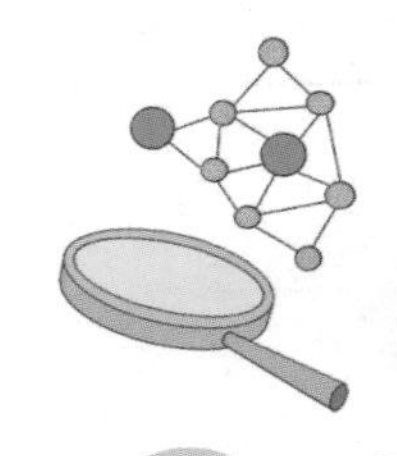

观察结果

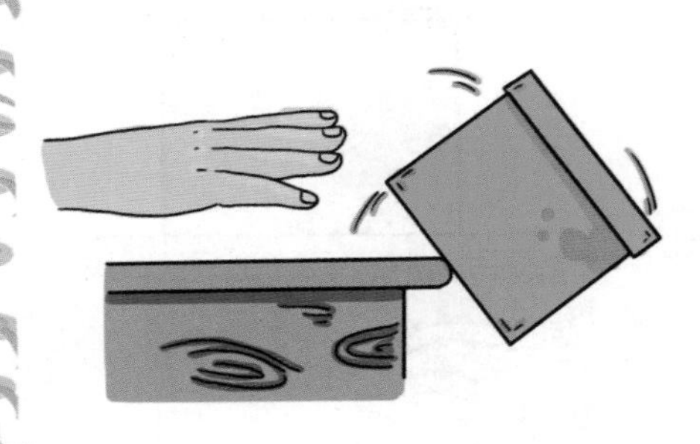

第一步中，你会发现，当塑料盒的中央位置超过了桌子边缘时，塑料盒会掉下去。

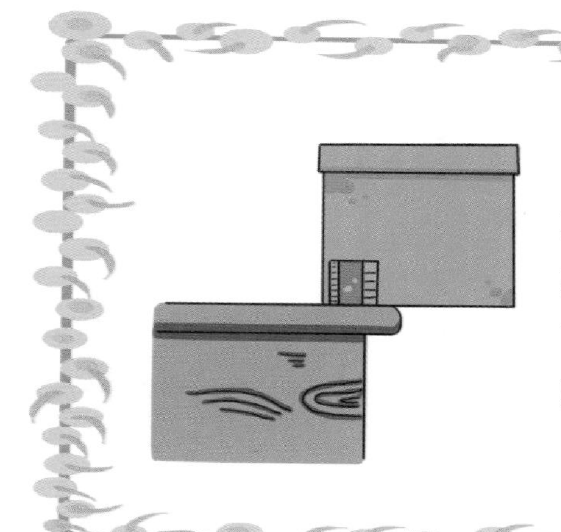

第三步中，你会发现，即使塑料盒的中央超过了桌子边缘，塑料盒也没有掉下去。只要有硬币的一角还放在桌子上，塑料盒就能够保持平衡。

怪博士爷爷有话说

这是一个跟重心有关的实验。如果塑料盒是空的，那么它的重心就在它的中心。当我们将硬币固定在盒子的角落里以后，重心的位置就偏移到了角落附近的点上，所以塑料盒才能一直保持平衡，如果超过了这一支撑点，那么这个盒子就会掉下去。

32. 压不坏的鸡蛋壳

准备工作

- 两个熟鸡蛋
- 两本书
- 一把有锯齿的小刀
- 一张桌子

跟我一起做

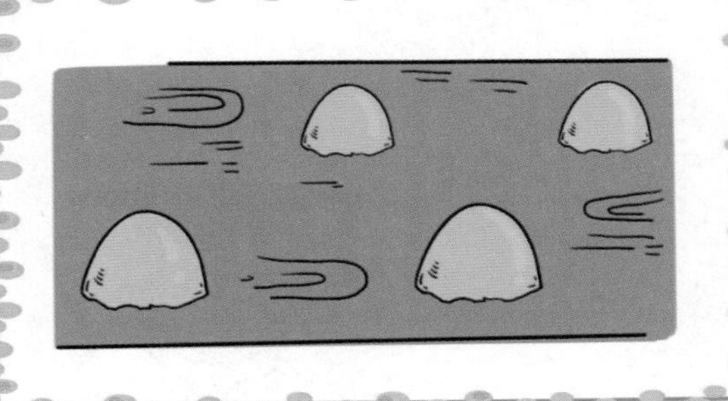

1 请爸爸妈妈帮忙，用刀子将两个鸡蛋连着蛋壳从中间切成相等的两份并将鸡蛋掏空。切的时候要格外小心，尽量整齐、笔直地从鸡蛋中间切开，保证切开后的蛋壳可以完整地放置在桌面上。

在蛋壳上面放两本书。

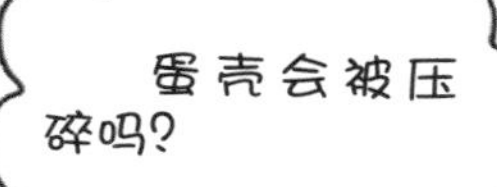

蛋壳会被压碎吗?

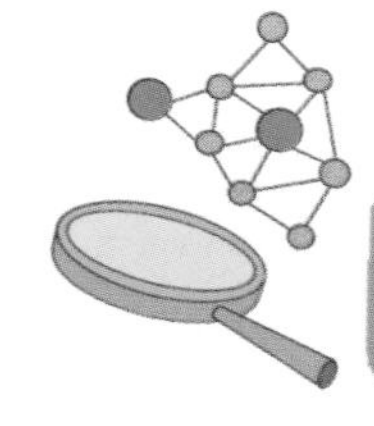

观察结果

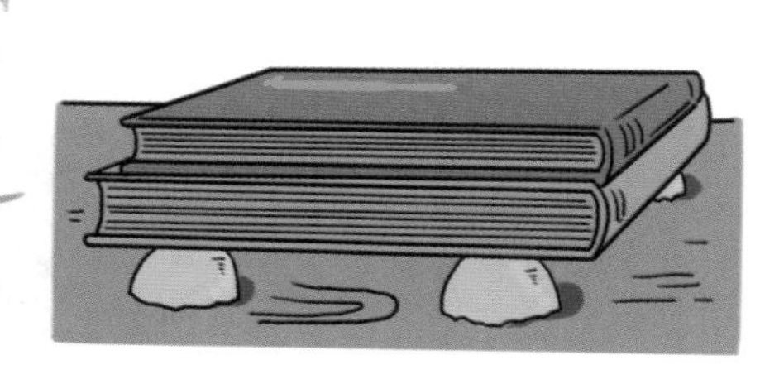

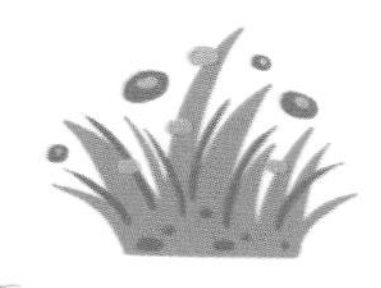

蛋壳支撑起了书本，没有被压坏、破裂。

怪博士爷爷有话说

蛋壳能支撑起厚重的书本，那是因为把书本放在蛋壳上之后，组成书本的分子和组成蛋壳的分子彼此间相互支撑的结果。这样一来，蛋壳就能够抵消书本的重力，保持它们的平衡和稳定。想不到小小的蛋壳竟然有如此大的支撑能力，以后再也不轻易丢弃蛋壳了！

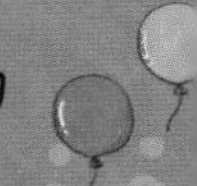

33. 薄纸拖重物

准备工作

- 一张稍厚的纸
- 三个同样大小的玻璃杯

跟我一起做

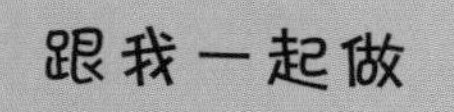

1 把两个玻璃杯倒放在桌子上，中间留适当的距离。

2

在两个杯子上搭一张纸，在纸上放第三个杯子。杯子能立住吗?

3

把纸折成扇子状，重复第二步，杯子能立住吗?

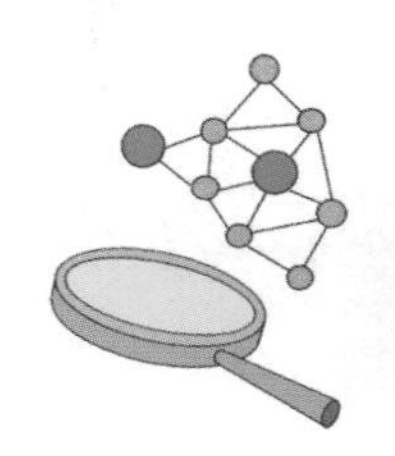

观察结果

第二步中，纸根本托不住杯子，第三个杯子会掉下来。

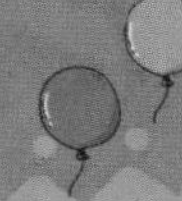

而第三步中，杯子居然立在纸上面了。

怪博士爷爷有话说

小朋友们都知道，普通的纸非常软，根本无法托住一个杯子。但是，如上述实验，把纸折叠后，杯子的重量就会分散到多个折痕上。折痕将纸上杯子的重量加以平均分配，杯子就不会掉下来。另外，被折后的纸发生了弹性变形，能在承受一定程度的压力后恢复原状。

34. 验证支撑的力量

准备工作

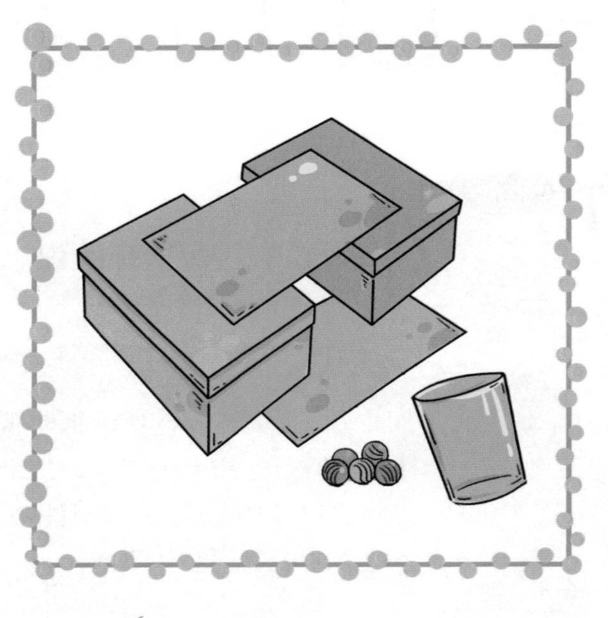

- 两张轻质卡纸
- 一个较大的玻璃杯
- 几个玻璃球
- 两个鞋盒

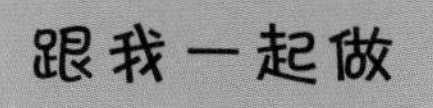

跟我一起做

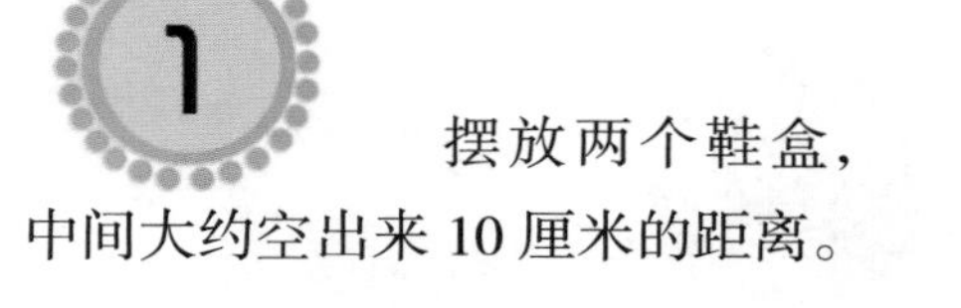

1 摆放两个鞋盒，中间大约空出来 10 厘米的距离。

2 在两个鞋盒的盒盖上放一张卡纸，然后在这张纸上，也就是鞋盒中间空隙的位置放上玻璃杯。

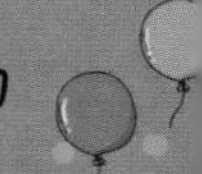

3

将第二张卡纸放在前一张的下方，卡在两个纸盒中间，形成一个拱形，两张纸中央的位置相互接触。在玻璃杯里放入几个玻璃球，再次将其放在原来的位置上。

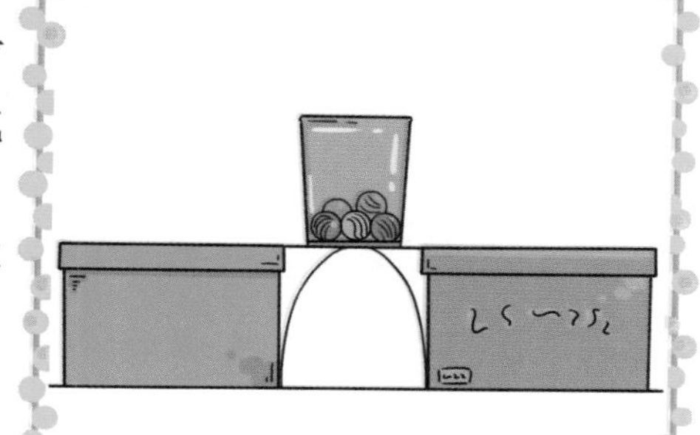

观察结果

第二步中，在玻璃杯的重压下卡纸弯折了。

第三步中，新结构居然能支撑起杯子的重量，甚至加了玻璃球，卡纸也没有弯折。

怪博士爷爷有话说

拱形是一种十分坚实的结构。拱形结构上面能承受很大的重力，并且不会弯折变形。如果在拱形结构上有一个很重的物体，例如实验中的杯子，杯子的重量压在拱形结构上，拱形结构内部就会相互支撑起杯子的重量。因为拱形结构具有这样的特点，在实际生活中被用于建造桥梁、建筑物以及堤坝。

35. 拉不开的新书

奇怪？这两本新书也没有用胶水粘起来，为什么拉不开呢？

准备工作

- 两本一模一样的新书

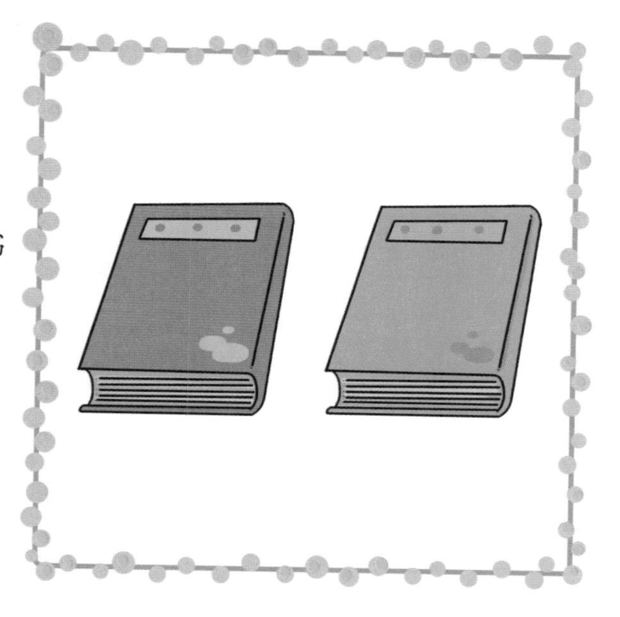

跟我一起做

1 将两本新书每隔两三页互相交叉叠在一起。

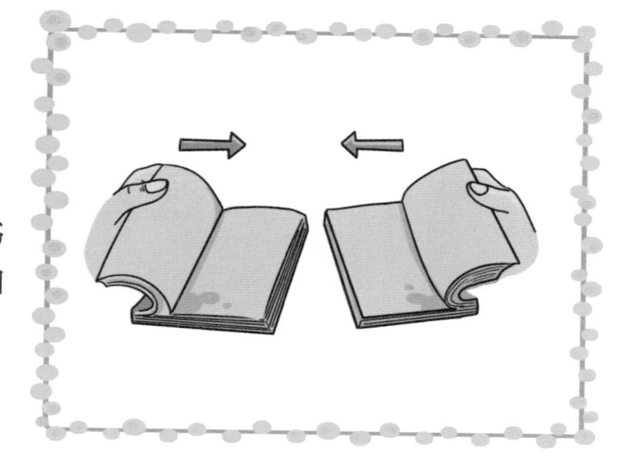

试着将新书沿水平方向拉开，怎么样？能办到吗？

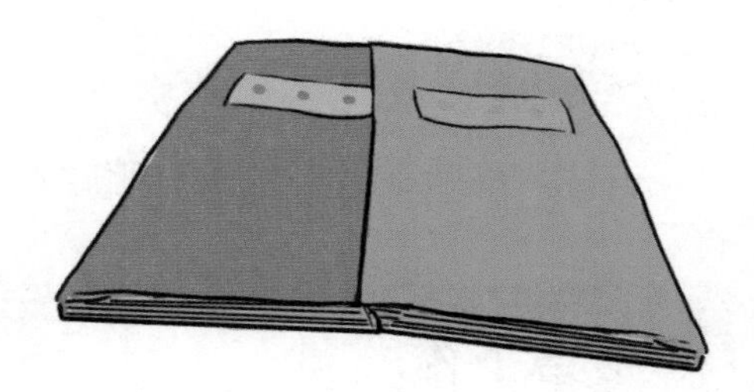

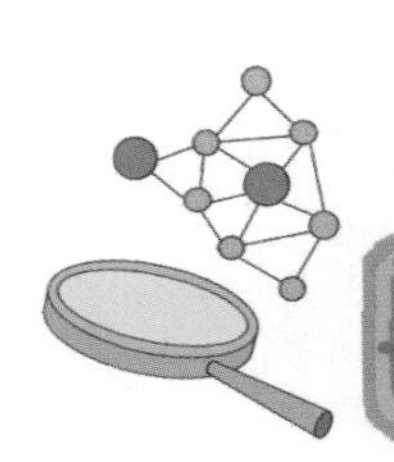

观察结果

你可能用了很大的力气，但是始终都拉不开这两本书。

怪博士爷爷有话说

把两张纸叠在一起时，两张纸之间的摩擦力很小，于是我们能轻松地分开它们。但是两本书有许多的纸张，许多的纸张叠在一起，很小的摩擦力也都叠加了起来，变成了很大的摩擦力。而且大气压力也使得纸和纸紧贴在一起，综合以上因素，所以你是无法拉开这两本书的。

36. 简单气压计

气压计是测量大气压强的工具，现在就让我们自己来做一个简单的气压计吧。

准备工作

- 一个小碟子
- 一个透明汽水瓶
- 水
- 一张长方形的纸条
- 一把直尺
- 一支铅笔
- 一卷胶带

跟我一起做

1 用直尺在长方形纸条上画一条直线，每隔一厘米就画一个格。在小碟子中加入适量的水，在汽水瓶中加入大半瓶水。

2 用手堵住汽水瓶的口，将汽水瓶迅速倒转过来，然后松开手，再将瓶子迅速插入小碟子里的水中。

3 用胶带将纸条粘在汽水瓶上，一个气压计就做好了。

好特别的气压计，里面的水会不会流出来呢？
观察结果

奇怪，汽水瓶里的水竟然没有流出来！

怪博士爷爷有话说

小碟子里的水受到上方空气压力的作用，使得汽水瓶里的水无法流出瓶子。当小碟子上方气压上升时，就会对汽水瓶中的水产生一个力，使汽水瓶中的水位升高。当瓶内瓶外气压达到平衡时，水位就稳定下来。反之，汽水瓶中的水位就下降。

小朋友们有没有看到家里爷爷奶奶用的眼药水，眼药水实际上就是用的这个原理。要想让眼药水瓶里的水流出来，一定要让空气进入瓶中跟水进行交换。同时，要倒出眼药水，必须用手挤压。你们找出眼药水亲自试一下就知道了。

37. 水的力量

水的力量不容小觑，下面我们来做一个关于水的力量的实验。

准备工作

- 一根塑料管
- 一个黄色气球
- 一个蓝色气球
- 两个塑料杯
- 两个玻璃瓶

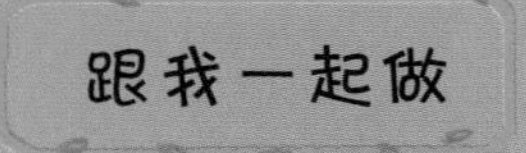

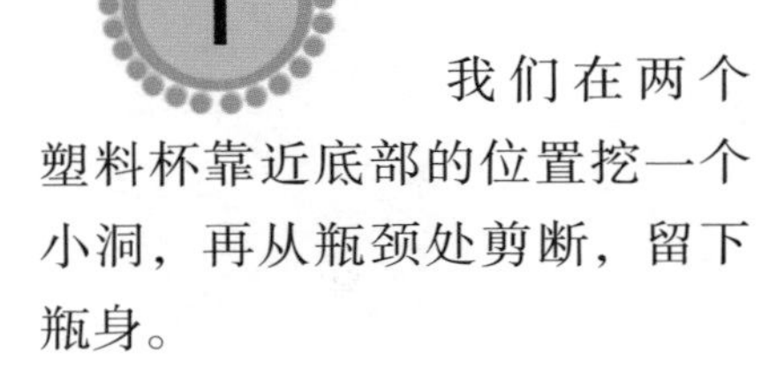

我们在两个塑料杯靠近底部的位置挖一个小洞，再从瓶颈处剪断，留下瓶身。

2

把塑料管插入一个气球中，通过塑料管向气球里灌些水。注意，要将气球与塑料管的接口部位用橡皮筋扎紧，不要漏水。

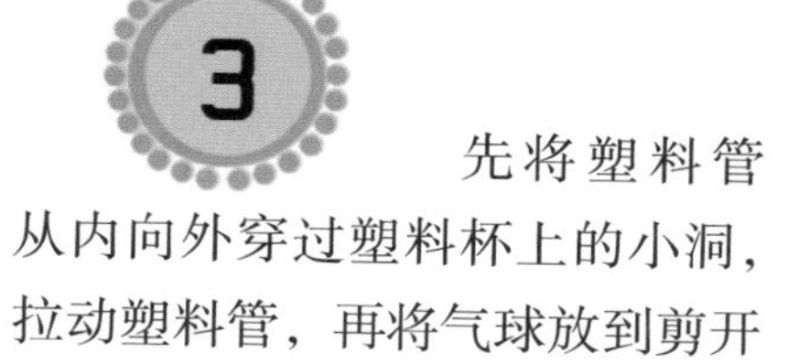

先将塑料管从内向外穿过塑料杯上的小洞，拉动塑料管，再将气球放到剪开的塑料杯中。

4

将第二个气球同样灌入水，这次塑料管要从外向内穿过塑料杯上的小洞，然后接在灌了水的气球上。

5

把两个玻璃瓶分别放入装有气球的塑料杯中，然后按压其中一个玻璃瓶。

观察结果

按压其中一个玻璃瓶，水从一个气球流到另外一个气球中，同时，将另外一个气球上的玻璃瓶顶了起来。

怪博士爷爷有话说

实验中介绍的是液体压力的知识，当用手按压玻璃瓶时，气球中的水会受到按压的压力，然后水会通过塑料管输送到另外一个气球中，由于水的注入，另一个气球开始膨胀起来，玻璃瓶就被顶起来了。

38. 自制洒水器

洒水器可以用来浇花、浇树，制作材料也非常容易得到，我们常用的饮料瓶和吸管，以后千万不要随便丢弃了，跟我们一起来制作一个洒水器吧！

准备工作

- 一支吸管
- 一个饮料瓶
- 一把剪刀
- 水

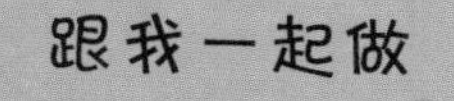

跟我一起做

1 用剪刀在距离吸管一端大约 3 厘米的地方剪一个开口，不要把吸管剪断，然后折成一个直角。

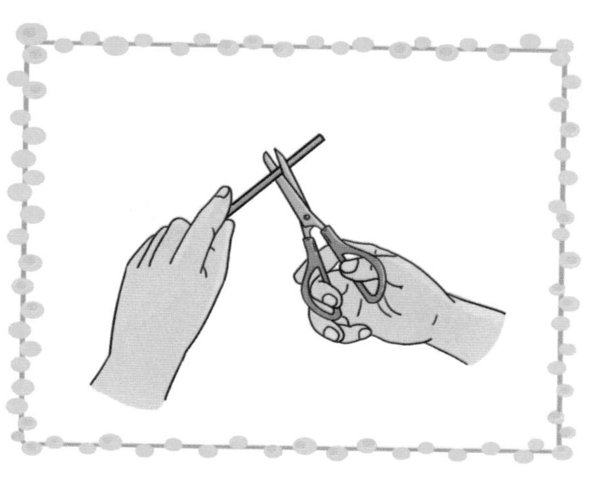

在饮料瓶中注满水。

把吸管较短的一端放进饮料瓶里，洒水器就做好了。

倒水时，要扶稳饮料瓶，别让水洒出来。

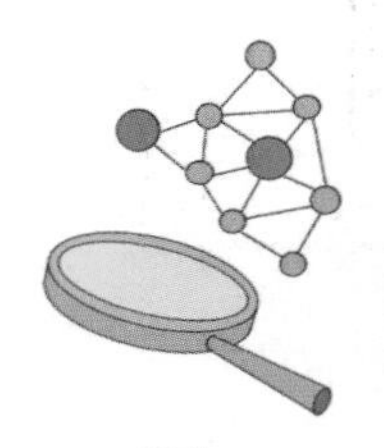

观察结果

向较长的那一截吸管用力吹气，可以看到吸管上的开口处喷出了一股水。

怪博士爷爷有话说

这个实验巧妙地利用了压力。对着吸管吹气时，有一股气流穿过下面的那一截吸管的上方。于是，吸管开口周围的气压变小，开口下面的正常的大气压把水压进了下面那一截吸管，因此，水就从吸管的开口处喷出来了。小朋友，你学会了吗？

我接到小朋友的来信问：“为什么我们买来的饮料都不是装满的呢？难道是为了省钱吗？”这里，我给大家解答一下：“当温度上升时，水的体积会膨胀变大，瓶子里的空气压力也会变大。如果饮料瓶装得非常满，在温度较高时，随着饮料体积的增加，瓶子里面的压力就会冲开瓶盖或者撑破瓶子。为了避免这种情况发生，饮料瓶里的饮料就都不装满了！”

39. 看谁射得远

在喝完的大饮料瓶侧面的不同高度上扎四个孔，装满水竖起来，你猜一猜，从哪个孔中喷射出的水流最远？

准备工作

- 一个大饮料瓶
- 几块橡皮泥
- 一把锥子
- 一个脸盆
- 一支彩笔
- 一把直尺
- 水

跟我一起做

1 在大饮料瓶体上，用彩笔和直尺由上到下均匀地标记出四个点，每两点间的距离大约是 5 厘米。

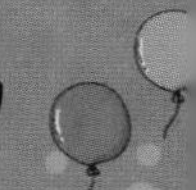

2 用锥子在标记的位置分别钻出小孔。

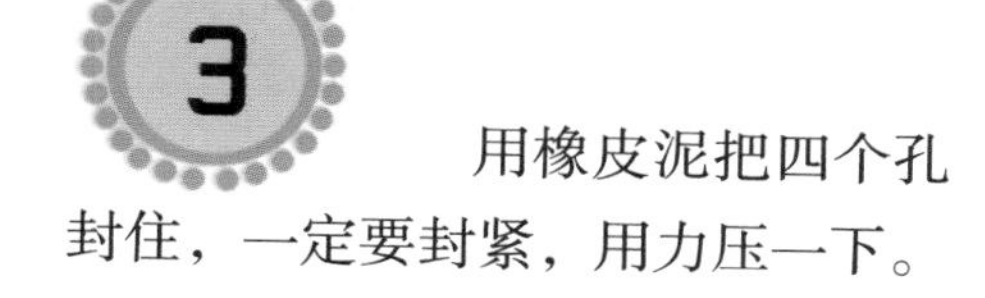

3 用橡皮泥把四个孔封住，一定要封紧，用力压一下。

4 在大饮料瓶中装满水，记着一定要装满，装满效果更明显。把装满水的大饮料瓶放在桌子的边缘，靠边一点。下面放一个脸盆，准备接水。

5 抠去饮料瓶上的橡皮泥，观察现象。

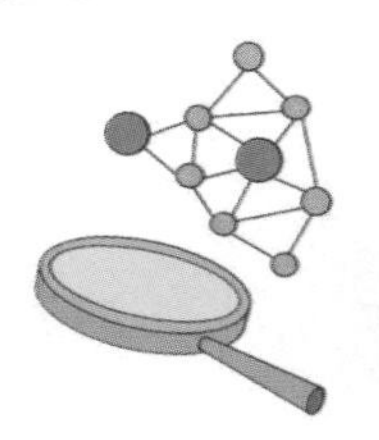

观察结果

四个孔中，最下面的孔喷射得最远，最上面的孔喷射得最近。

怪博士爷爷有话说

水的压强的大小取决于水的深度，而不是水量的多少和水域的形状。饮料瓶子由上而下，水的深度不断增加，水的压强越大，水流越强，喷射得也就越远。

实际生活中，我们会看到河堤一般建成上窄下宽的形状，这是为了适应河水随深度的变化而产生的压强变化。同样的道理，潜水员由海底返回海面时，也必须慢慢上浮，因为上浮太快的话，压强会突然变小，人体血液中的气体会迅速膨胀成气泡，阻塞血管，潜水员就会有生命危险。

小朋友，你还能想到哪些原理应用？

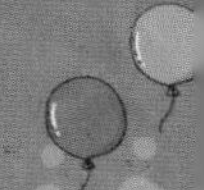

40. 被压出来的泡泡

卫生纸卷筒也可以用来吹泡泡，你见过吗？

准备工作

- 一个卫生纸卷筒
- 一盆肥皂水
- 一盆清水

跟我一起做

1 将卫生纸卷筒的一端浸在肥皂水里，使其形成一层肥皂膜。

2

将卫生纸卷筒的另一端浸在清水中，会有什么新发现？

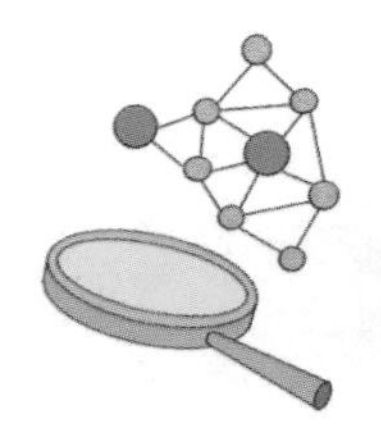

观察结果

肥皂膜能鼓到多大呢？它会破裂吗？

当卫生纸卷筒浸到清水里时，肥皂膜渐渐鼓胀起来，当卫生纸卷筒压到水底的时候，肥皂膜鼓到最大。

怪博士爷爷有话说

当我们握着卫生纸卷筒慢慢向下推入水中时，底下的水慢慢进入到卫生纸卷筒中间中空的部分。由于水自下而上进入，卫生纸卷筒中的空气也自下而上地被水挤压了出去，并且挤压着上部的肥皂膜。再加上肥皂膜表面本身具有张力，所以鼓胀起来后还不至于破裂。

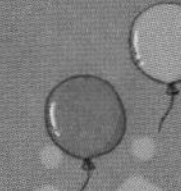

41. 自制降落伞

让我们制作一个小降落伞，来看看空降员是怎么从飞机上安全降落到地面上的。

准备工作

- 一块手帕
- 一根结实的细线
- 一把剪刀
- 橡皮泥
- 一卷胶带

跟我一起做

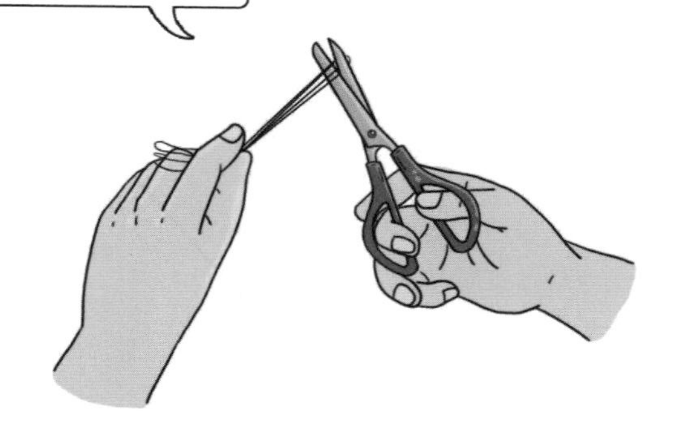

把细线剪成四根一样长的线。

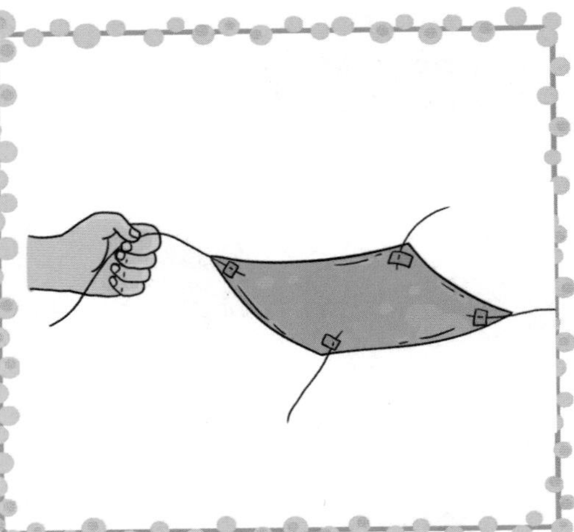

2 在手帕的4个角上用胶带分别粘好一根细线。

3 把4根线集中到一起，用胶带粘好，然后在上面粘一小块橡皮泥，这样，一个小降落伞就做好了。

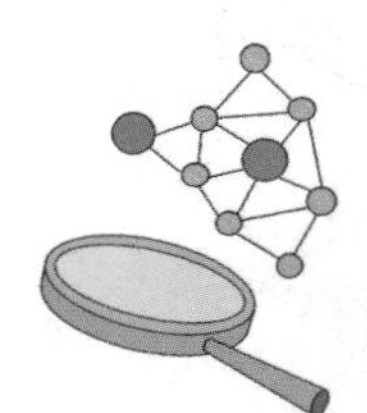

观察结果

把做好的小降落伞扔向空中，可以看到手帕逐渐展开，降落伞慢慢降落到地上。

怪博士爷爷有话说

一般情况下，一个物体从高空落下来的时候，都会受到空气阻力的阻挠，但是这个空气阻力一般都比较小，对掉落物体的影响也比较小。但是实验中，降落伞张开之后，与空气的接触面变得非常大，于是也就有大面积的空气去阻拦降落伞的下落。所以降落伞会慢慢地降落。

42. 会爬瀑布的乒乓球

把系着棉线的乒乓球放在水龙头流出的水流边上，会发生什么现象呢？你觉得乒乓球会被水流冲下去吗？我们一起来试试就知道答案了。

准备工作

- 一个乒乓球
- 一卷胶带
- 一根棉线
- 水龙头

跟我一起做

1 把棉线用胶带粘在乒乓球上。

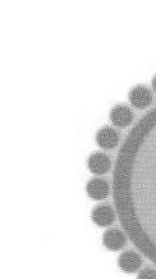

2 打开水龙头，拎起乒乓球上的棉线，让乒乓球贴近水流。

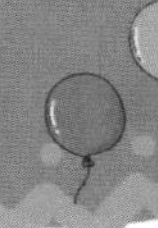

在乒乓球进入水流的同时，轻轻抖动一下棉线。

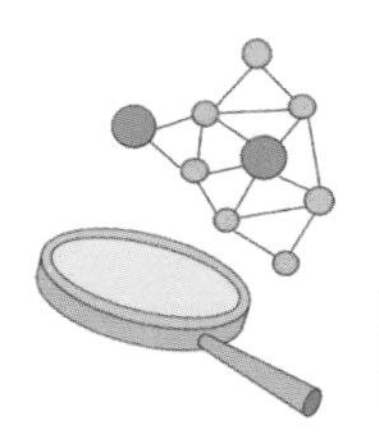

观察结果

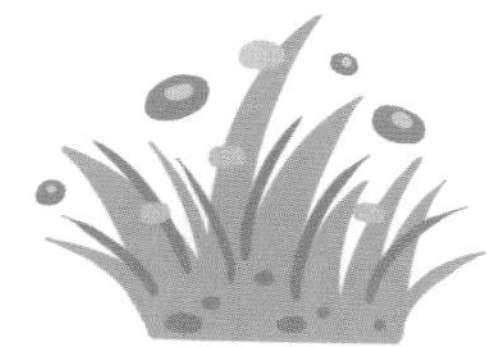

这时，你会看到乒乓球在水流中逆流而上，好像在爬瀑布一样。

怪博士爷爷有话说

打开水龙头后，水向下流，流动的水带动周围的空气也流动了，于是水流周围的空气气压就会比四周的气压要低。因为高压总是流向低压，所以当乒乓球靠近时，水流四周的高压就会将乒乓球压入水流。同时，越接近水龙头的水流，其压力越小，因此在乒乓球进入水流时，抖动一下棉线，乒乓球就会被靠近水龙头处的水流吸过去，向上爬。

43. 小蚂蚁会武功

小朋友可能要问：一只小蚂蚁能会什么武功？你没有听错，小蚂蚁确实会武功，因为你摔不伤它。

准备工作

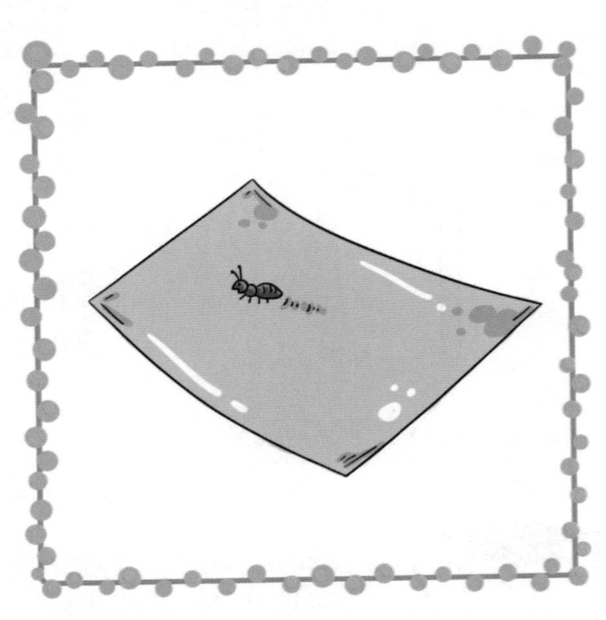

- 一只小蚂蚁
- 一张白纸

跟我一起做

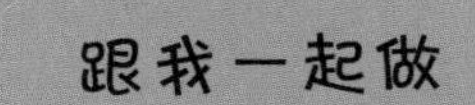

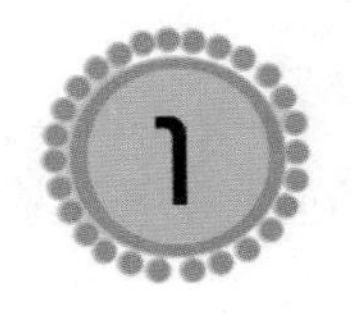

1. 在地上放上白纸，抓一只小蚂蚁。

2. 把小蚂蚁放在手中，举起手，用力将小蚂蚁摔落在白纸上。

一定要保护小蚂蚁的安全！做爱护动物的好宝宝。

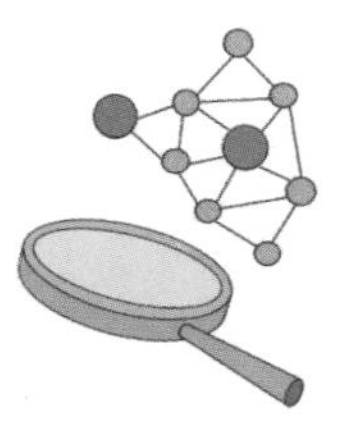

观察结果

好担心小蚂蚁，原来是虚惊一场！

仔细观察，你会发现小蚂蚁安然无恙，毫无损伤。

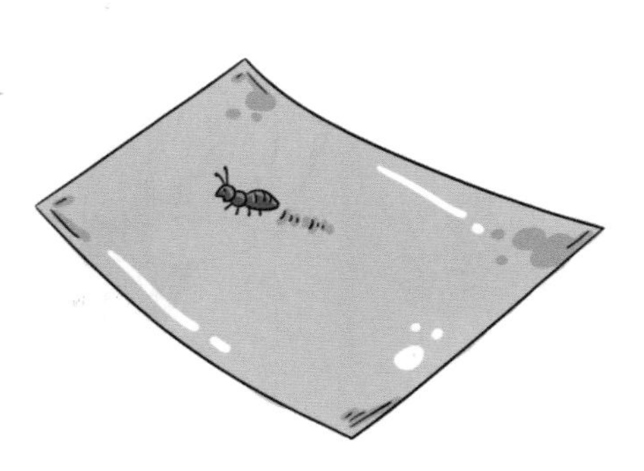

怪博士爷爷有话说

小蚂蚁不怕摔，是因为小蚂蚁在下落的过程中受到了空气阻力的作用，一切物体下落时都要受到空气阻力的作用，物体越小，受到的空气阻力越容易与重力平衡。对于小蚂蚁来说，下落时受到的空气阻力与重力接近于平衡，因此，小蚂蚁下落的速度很小，不用担心会被摔死或摔伤。

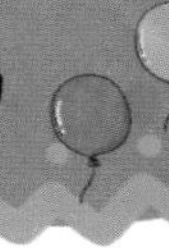

44. 制作喷气船

制作喷气船是许多小朋友心中最想做的事，这里我们介绍一种制作喷气船的方法，大家可以模仿着一起来做哈！

准备工作

- 一根长吸管
- 一小块聚苯乙烯泡沫
- 几个大小不等的气球
- 一个大水盆
- 一个中间有孔的橡皮塞

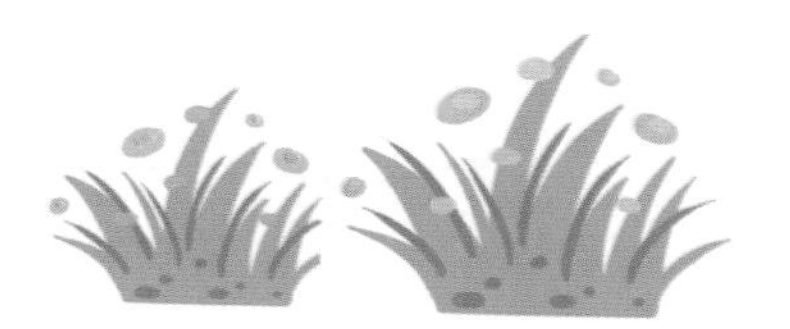

跟我一起做

将软管插入橡皮塞中，直到软管即将从孔中穿出。

将软管的另一头插入聚苯乙烯泡沫垫中，泡沫垫构成了船身。

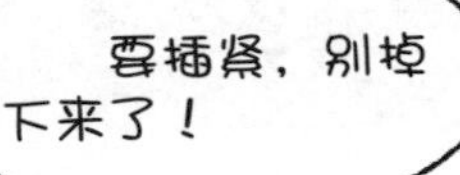

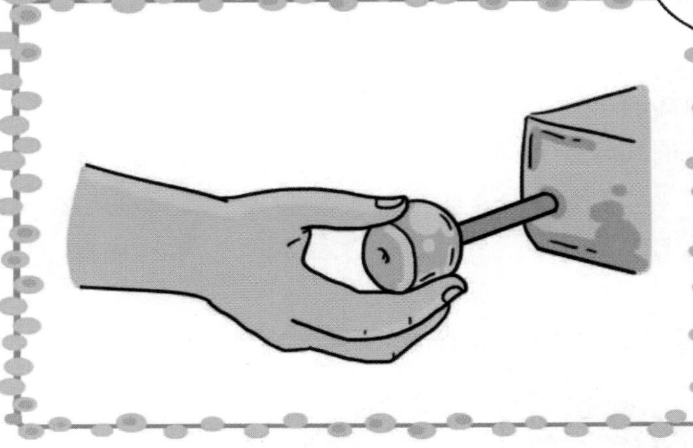

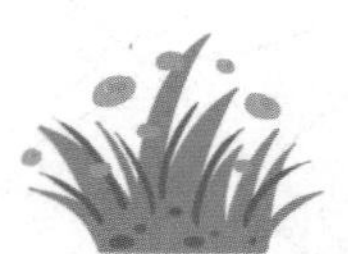

3 把一个小气球吹起来，然后用手捏住或用回形针卡住气球口以防漏气，但不要在气球口处打结。

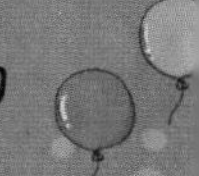

4

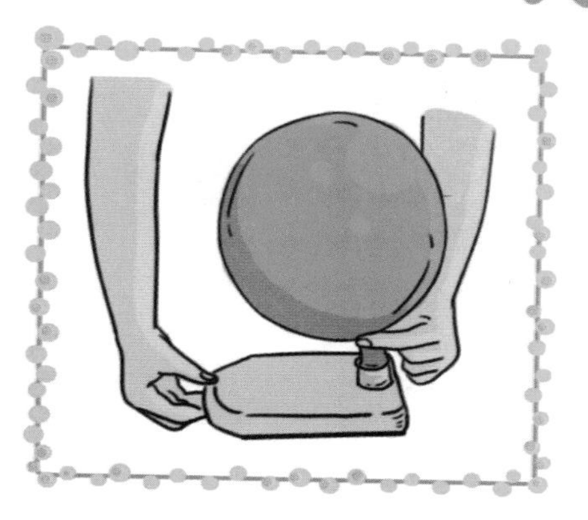

小心地将充好气的气球套在橡皮塞上。套好后捏住软管避免漏气。

这一步不太容易做到，需要多试几次才行。

5

将软管弯曲，使其方向朝后。然后把船放入水中，这时让气从软管中喷出。如果水盆足够大，你可以用卷尺测量出船能行驶多远，记录这个距离。

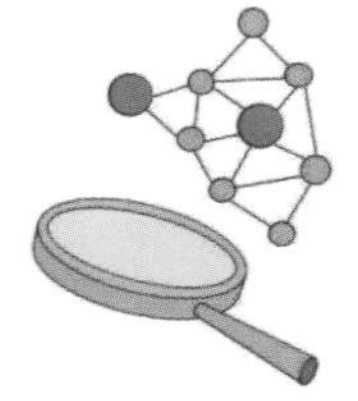

观察结果

（1）气球越大，船行驶得越远。

（2）即使气球中的气体已经全部释放，船仍然继续移动。

（3）喷气船最后停住了。

怪博士爷爷有话说

实验中，气球中的气体从船后部释放出来，驱动着船向前行驶。而船行驶的远近取决于气球的大小。气球越大，船行驶得越远。

行驶过程中，即使气球中的气体已经全部释放，船仍然会继续移动。这是由于船的惯性导致的。而最终让船停下来的是水和空气产生的阻力。

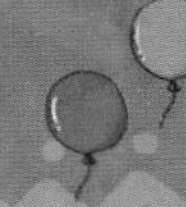

45. 圆筒滚动实验

两个一模一样的圆筒，如果圆筒内硬币的排列方式不同，会对速度产生什么样的影响？让我们一起来做滚动实验了解一下。

准备工作

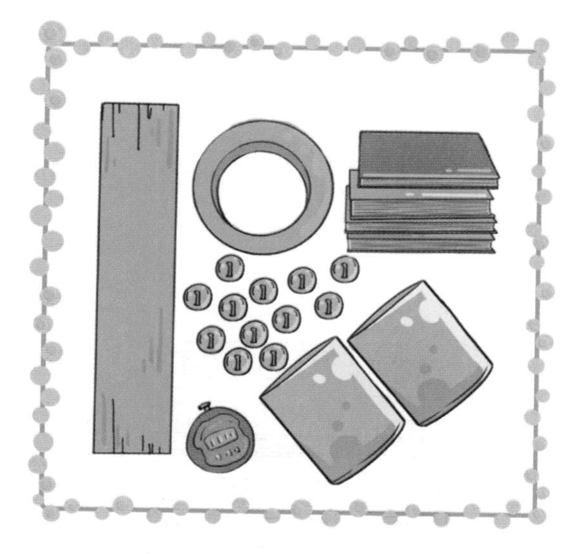

- 两个相同的带盖圆筒
- 12 枚硬币
- 一卷胶带
- 1 米长的木板
- 几本书
- 秒表

跟我一起做

1 将 6 枚硬币均匀地贴在一个圆筒的侧壁内。

2 将剩下的6枚硬币中的3枚叠放一起后粘到第二个圆筒底部正中，然后把另外3枚硬币粘到筒盖内侧正中。然后把两个筒盖盖好。

3 用书将木板的一端支撑到30厘米高。

4 试着沿斜面滚下两个圆筒。想好松开圆筒的最佳位置，防止它们从木板边掉下来或者彼此撞到一起。

5 用秒表测出两个圆筒滚下斜面所用的时间。一定要保证在同一水平线上同时松开两个圆筒，并且不用手推它们。

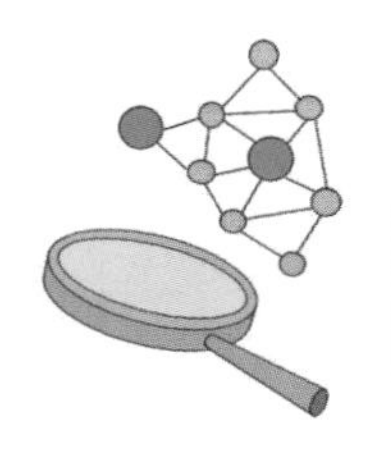

观察结果

通过观察比较，你会发现在盖子中心和筒底中心贴硬币的圆筒滚动速度较快，而另一个圆筒移动距离较长。

怪博士爷爷有话说

实验一开始，两个圆筒的重量相等，高度相同。但是由于两个圆筒内硬币的排列方式不同，导致了它们滚动速度的不同。在盖子中心和筒底中心贴硬币的圆筒滚动速度较快。其重量集中在中部，所以硬币沿直线移动。而另一个圆筒内的硬币在圆筒滚动时沿着大圈转动，所以，它的移动距离较长。

46. 会滚动的字典

准备工作

- 1 米长的细线
- 一个弹簧秤
- 4 支圆柱形的铅笔
- 一本字典

跟我一起做

1

用细线把字典绑好，然后放在桌子上。

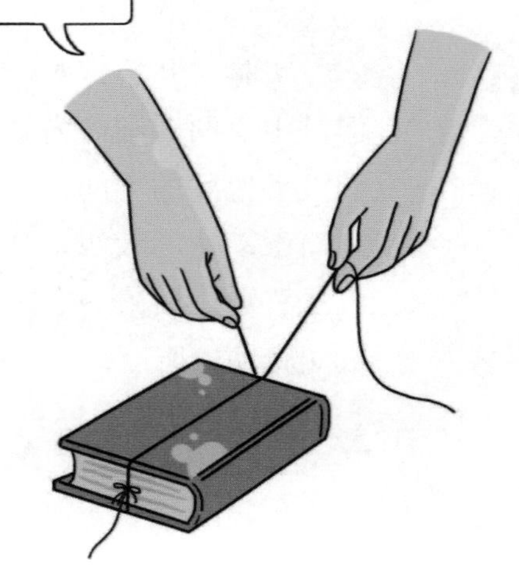

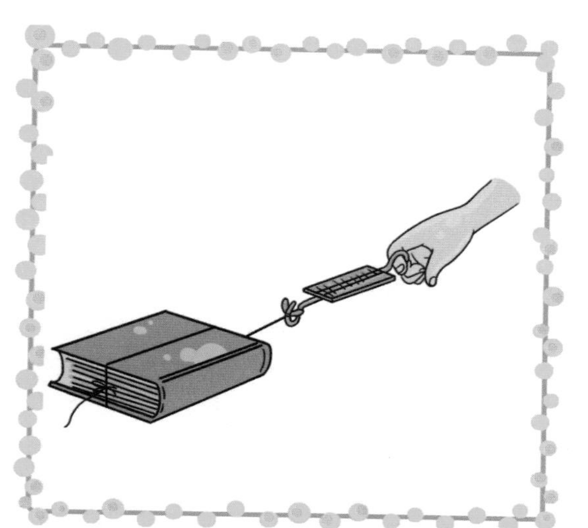

2 用弹簧秤钩住细线，拖着字典在桌面上均速移动，看一下弹簧秤，记下你拖着这本字典用了多少力。

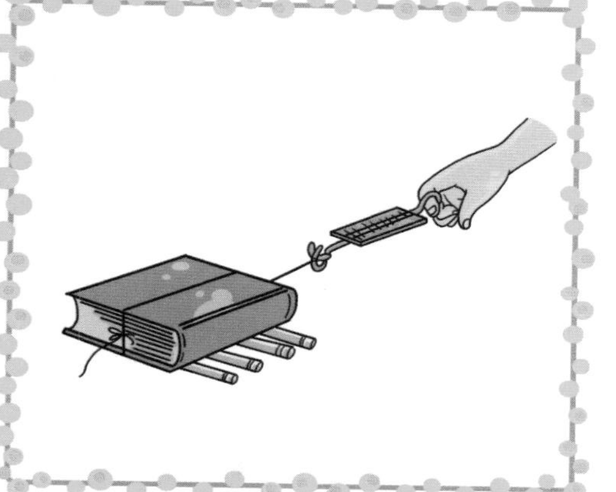

3 在字典下面垫4支圆柱形铅笔，然后再用弹簧秤钩住细线并拖动字典。看一下弹簧秤，记下这次你用了多少力。

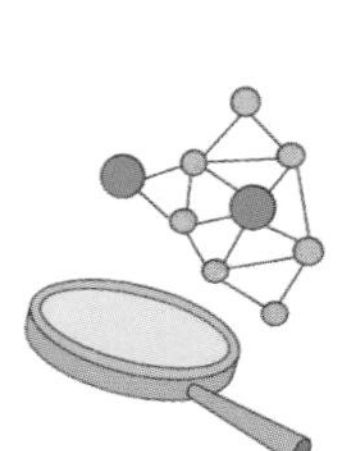

观察结果

通过比较发现，两次力的大小不一样，第二次用的力比第一次小了很多。

怪博士爷爷有话说

这个实验中，涉及了滑动摩擦力和滚动摩擦力两个概念。第一次，字典直接放在桌面上，拖动字典匀速移动所产生的摩擦力叫作滑动摩擦力。第二次，在字典下面垫上圆柱形铅笔，拖动字典滚动所产生的摩擦力叫作滚动摩擦力。由于滚动摩擦力小于滑动摩擦力，所以，第二次弹簧秤上的力比第一次要小很多。

47. 自制不倒翁

准备工作

- 一把锥子
- 一根蜡烛
- 一个生鸡蛋
- 热水
- 一支针管
- 一卷胶带

跟我一起做

注意安全！别扎到手。这一步可以寻求大人的帮助。

1 用锥子在鸡蛋较尖的一端轻轻戳个小洞，用针管把蛋黄和蛋清吸出来，再用清水洗净蛋壳，晾干。

2

在蛋壳里装上蜡烛屑，封上小洞之后，放到热水里加热，等蜡大概熔化之后，把蛋壳拿出来冷却。

一个不倒翁就制作成功了。

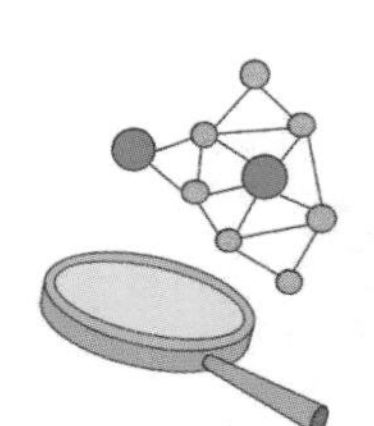

观察结果

无论你怎么推，不倒翁都是站立不倒的。

怪博士爷爷有话说

不倒翁不会倒，是因为不倒翁的重心始终保持在一个地方。在这个实验中，装了蜡烛屑的蛋壳的重心被转到有蜡的位置，重心被固定住了，所以不管你怎样推动蛋壳，它都会回复到原来的平衡状态。

小朋友可以尝试往蛋壳里放细沙，会发现蛋壳一推就倒了。因为沙子是流动的，它的重心无法固定。

48. 小熊踩滚筒

准备工作

- 一个彩色塑料盒
- 两个螺帽
- 一根细铁丝
- 一块泡沫塑料块
- 两根塑料套管

跟我一起做

1 在塑料盒盖和底部的圆心处钻一个和铁丝直径一样的小孔。

2 将泡沫塑料块雕成一只小熊。

3 把铁丝弯成一个曲轴。

4

先将曲轴、两个螺帽和塑料盒组装起来，用塑料套管定位。再制作一个小熊的支架，装上小熊就可以了。

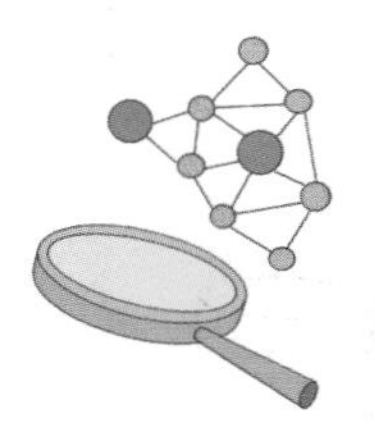

观察结果

塑料盒滚动时，就像小熊在做脚踩滚筒的运动，整个装置始终能保持平衡状态。

怪博士爷爷有话说

小朋友们有没有发现，这个实验的原理其实跟不倒翁的原理是一样的。实验中，曲轴始终保证两个螺帽的位置不动，使整个装置脚重头轻，这样就能一直保持平衡了。小熊和曲轴组成的系统其实和塑料盒是独立的两个系统。如果将塑料套管和塑料盒处用胶水粘合，这个实验就不会成功了。

49. 分不开的玻璃

小朋友们想一想，怎样搬玻璃才安全呢？下面这个实验会给你们启发。

准备工作

- 水
- 两块玻璃

跟我一起做

1

在一块玻璃上滴几滴水，然后把另一块玻璃盖上去。

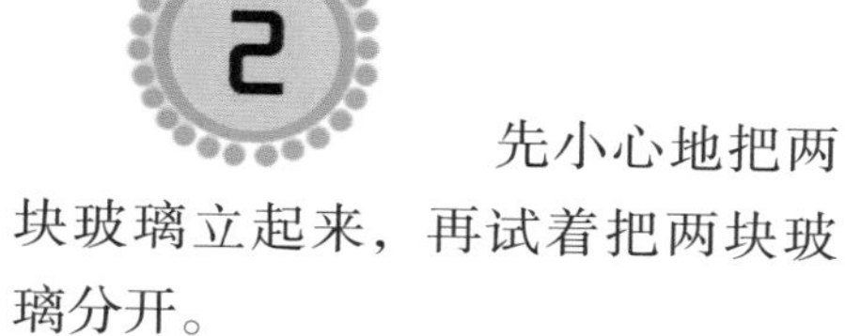

先小心地把两块玻璃立起来，再试着把两块玻璃分开。

这两块玻璃的关系为什么这么紧密？

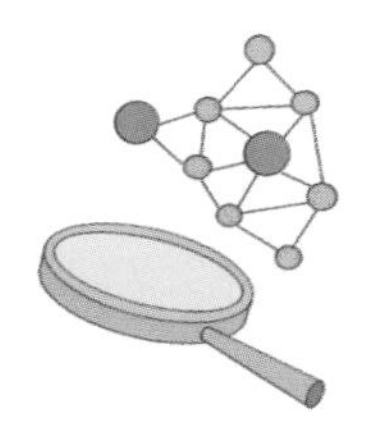

观察结果

这两块玻璃好难分开，你可能需要花很大的力气才能办到。

怪博士爷爷有话说

这个实验中，玻璃之所以紧紧地粘贴在一起，是因为玻璃分子与水分子之间存在着附着力。附着力是存在于不同物质的分子之间的一种强大的吸引力，在这个力的作用下，两块玻璃牢牢地粘贴在一起，所以你很难把它们分开。

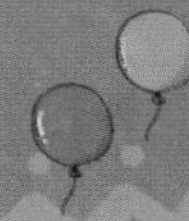

50. 割不断的纸

准备工作

- 一个土豆
- 一把刀
- 一张厚纸板

跟我一起做

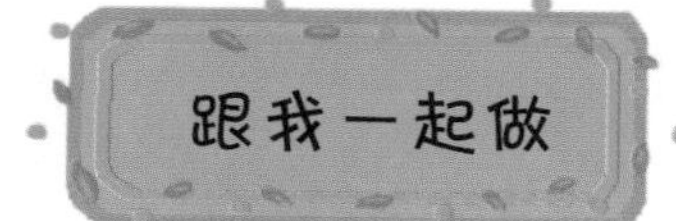

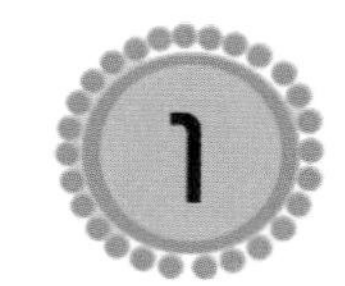

用纸把刀刃包起来，然后用这把刀来切土豆。

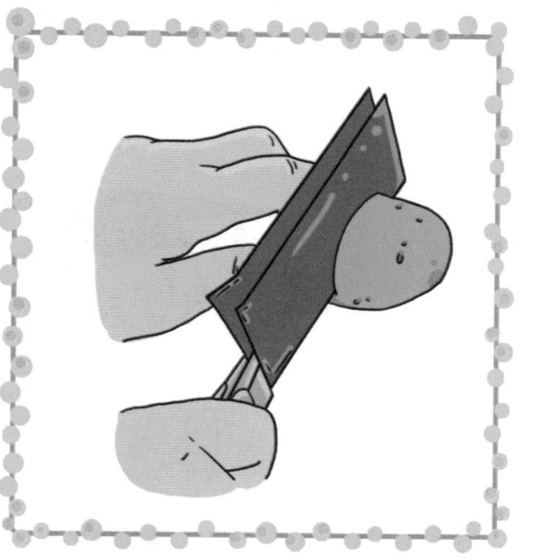

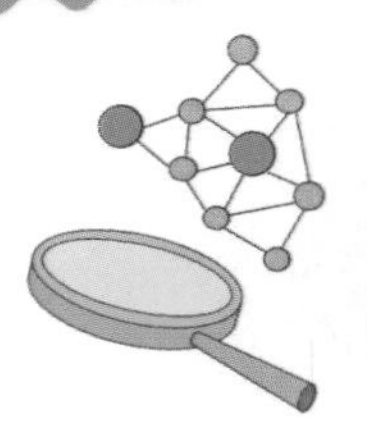

观察结果

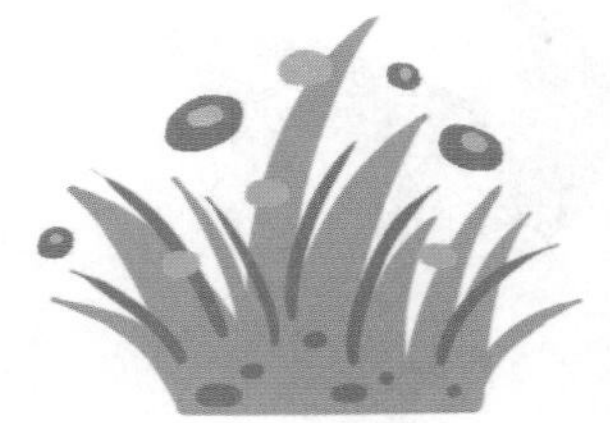

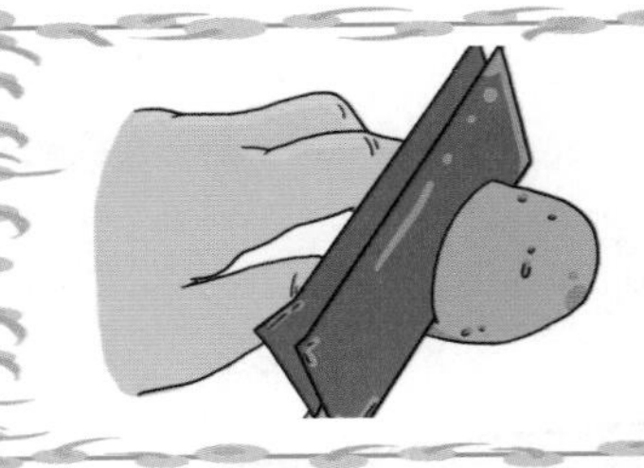

土豆被切开了，而纸一点儿也没有损坏。

怪博士爷爷有话说

纸和刀切进土豆，刀和土豆产生压力，土豆也对纸和刀产生反压力。由于土豆的质地比纸的纤维松软，当刀刃对纸的压力还没有达到破坏纸纤维的程度时，土豆的组织已经经受不住了，所以，刀和纸一起进入土豆的体内。

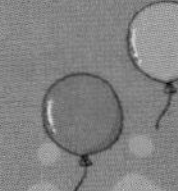

51. 摔不破的鸡蛋

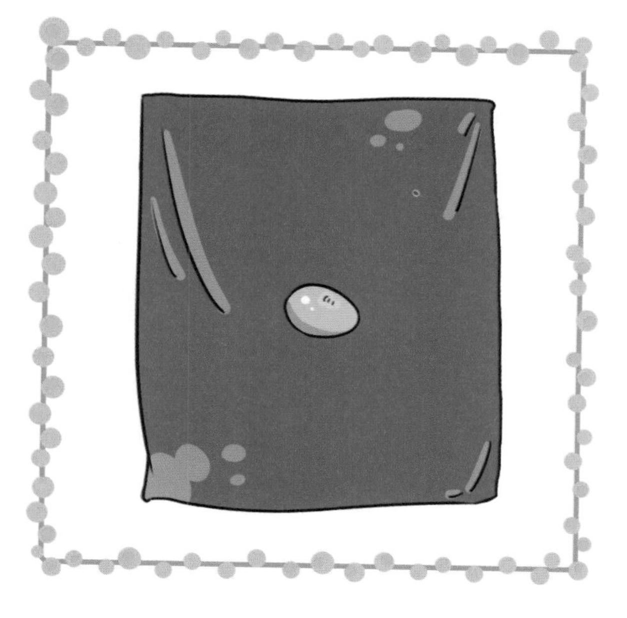

准备工作

- 一个生鸡蛋
- 一条床单

跟我一起做

找两个小朋友分别拎起床单的一个角，把床单撑开，并在地上留下足够长的下摆。

走到离床单一定距离的地方，检查一下手中的生鸡蛋，确认它是没有裂缝的。

用力把生鸡蛋扔向床单，鸡蛋击中了床单，却没有破，而且仍然完好无缺。

走到更远处，换一个姿势，用更大的力扔鸡蛋。你猜鸡蛋会摔破吗？

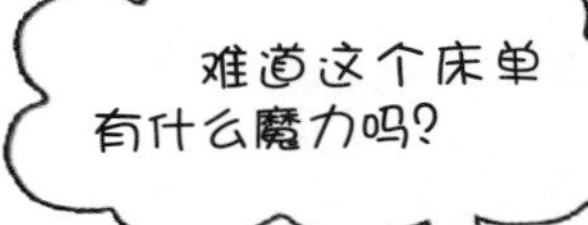

观察结果

经过多次实验，你会发现只要鸡蛋击中了床单，就不会摔破。

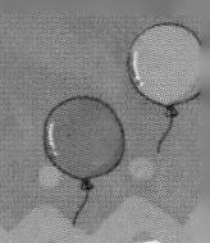

怪博士爷爷有话说

在这个实验中，鸡蛋似乎比我们想象的要结实得多，其实这是床单的功劳。床单面积比较大，它分散了鸡蛋撞击床单时所产生的冲力，保护鸡蛋不破裂。此外，撞击的力量还取决于物体的重量与其撞击前那一刹那的速度。床单实际上充当了鸡蛋飞行过程中的减速器，它随着鸡蛋运动，使鸡蛋的速度减慢并停止下来。小朋友，你们听明白了吗？

52. 神奇的反作用力

一个人能顶住好几个人来推吗？你肯定认为这是不可能的，让我们一起来试试吧！

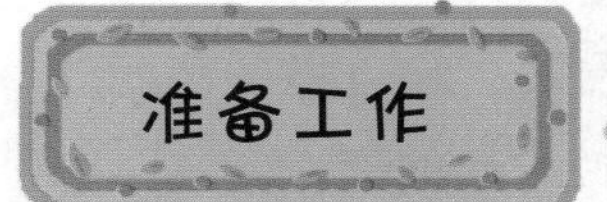

准备工作

- 7个小朋友

跟我一起做

1 让身体最强壮的小朋友，面对墙壁，双手撑住墙壁。

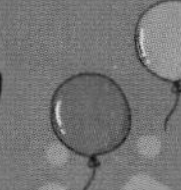

让其他6个小朋友站在他的背后，排成一排。

发出命令，大家一起推前面的人。

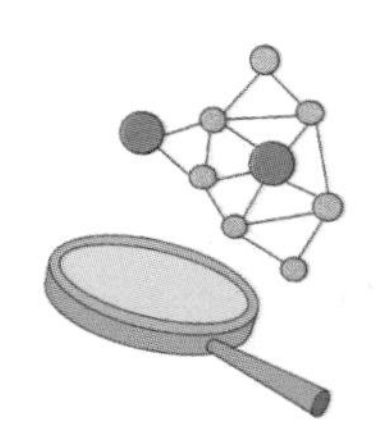

观察结果

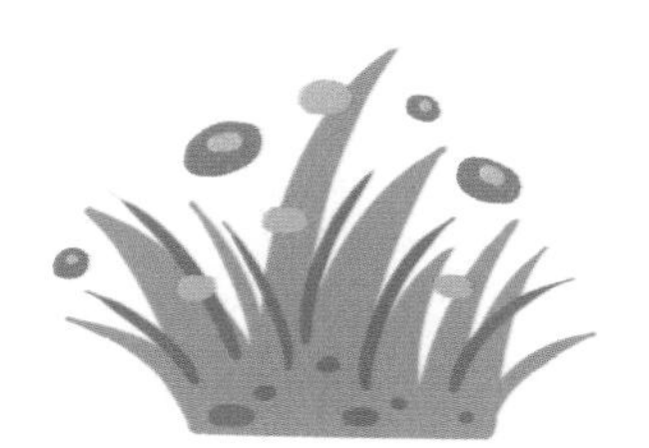

第一个小朋友真的能顶住后面几个小朋友的推力。

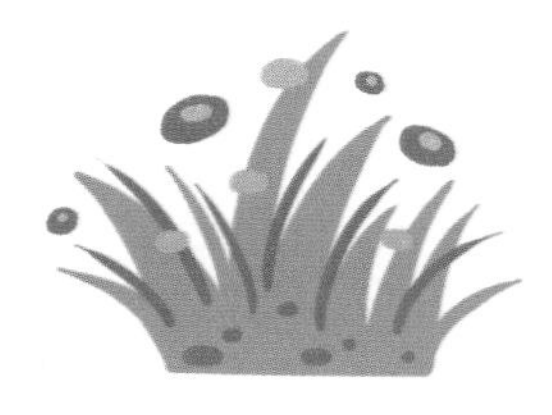

怪博士爷爷有话说

这个实验的秘密就在于力的反作用力，因为大家都站在一条直线上，每个人都推着前面的那个人，每个人都用获得的反作用力来对付背后的推力而撑住自己。因此，只要面对墙壁的第一个人仅仅关注站在自己背后的那个人，顶住了他的推力，后面的人再多也都能顶得住。怎么样？知道了其中的道理，你也可以当一回大力士了。

53. 螺母的力量

准备工作

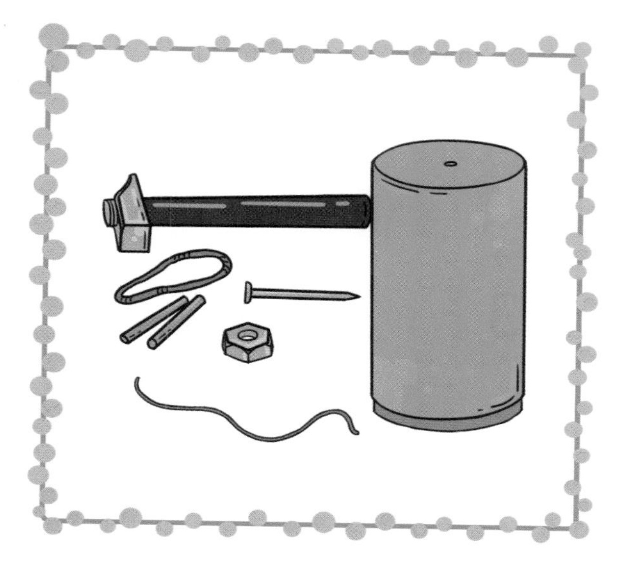

- 一个空奶粉罐
- 一段细绳
- 一颗大钉子
- 一把锤子
- 两根小木棍
- 一个铁螺母
- 一根结实的橡皮筋

跟我一起做

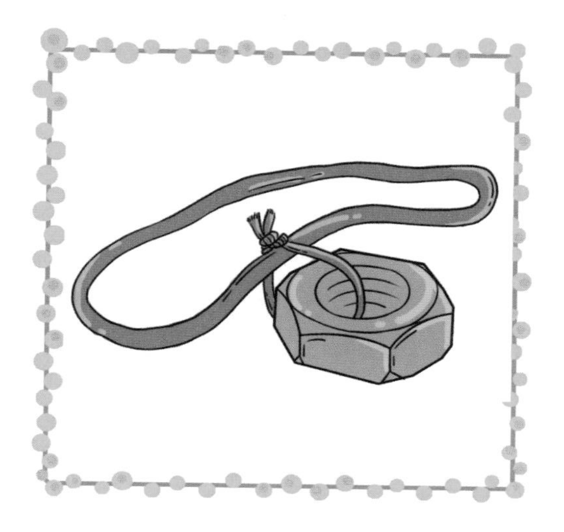

1 请爸爸妈妈帮忙用锤子在奶粉罐的盖子和底部的中心打两个小洞。用细绳把螺母和皮筋绑在一起。

用橡皮筋分别穿过奶粉罐底部和盖子上的小洞，然后用小木棍穿过露在外面的橡皮筋形成的小扣，当奶粉罐盖上以后，悬在罐子中的橡皮筋应该保持紧绷的状态，螺母自由地挂在皮筋上。

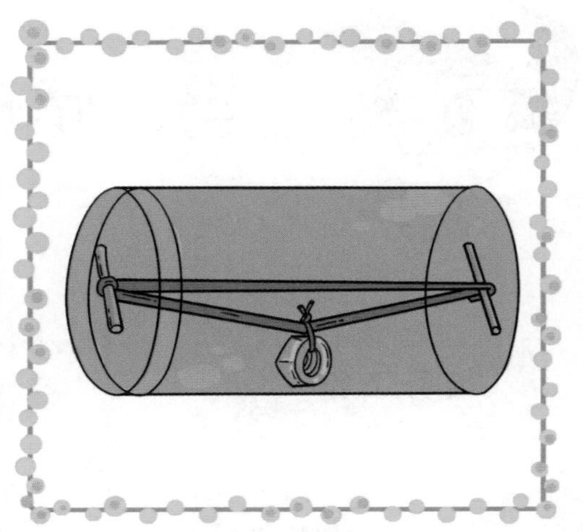

3

把奶粉罐平躺着放在地上，推它向前滚动。

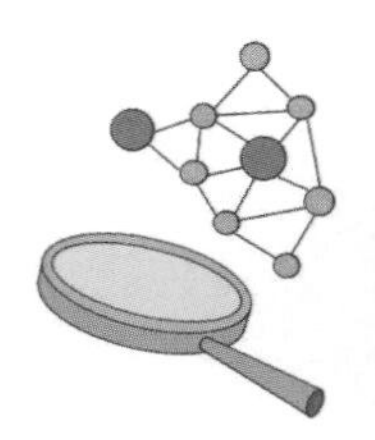

观察结果

奶粉罐向前滚动了一小段，越来越慢，随后又滚了回来。

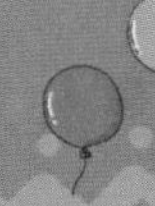

怪博士爷爷有话说

实际上，在奶粉罐滚动的过程中，罐中的螺母并没有同罐一起滚动。因为螺母比较重，在奶粉罐滚动的时候，悬挂着的螺母会使橡皮筋拧在一起，拧在一起的橡皮筋积蓄了能量，在奶粉罐停止滚动后，橡皮筋积蓄的能量又让奶粉罐滚动起来。

54. 会下楼的弹簧

准备工作

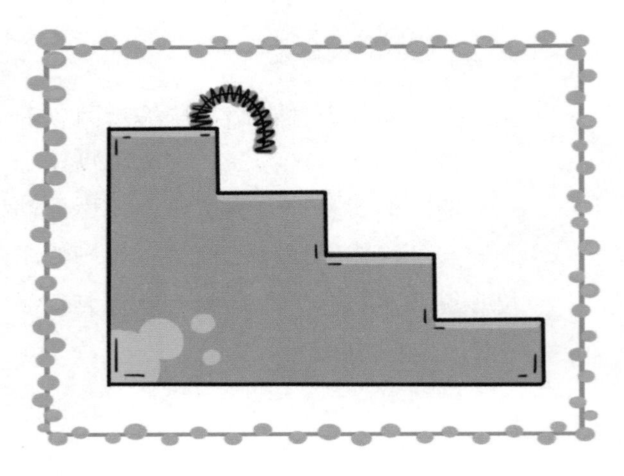

- 一个弹簧
- 一个楼梯模型

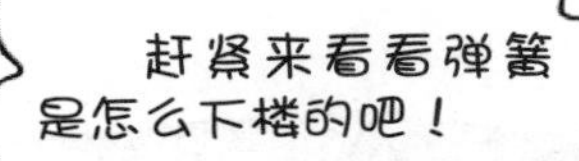

跟我一起做

让弹簧的上半部分向低一级的台阶弯曲。

把弹簧放在最高一级台阶边缘。

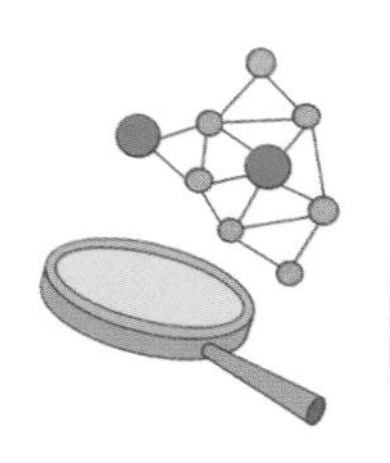

观察结果

我们什么都没做，弹簧自己下了好几层楼梯。

怪博士爷爷有话说

小朋友们在做实验时，肯定能发现，弹簧在从第一级台阶下来时就已经被拉长了。而实际上此时弹簧也积累了一定的能量，为了恢复原来的状态，弹簧要收缩，而每个环都把下一个环往回拽。因此，它就向下一级楼梯运动，如此反复下去，看起来就像弹簧自己下楼梯一样。

55. 会变形的金属

金属受到外力冲击会收缩变形，虽然肉眼看不到，但是这种变形确实发生了。

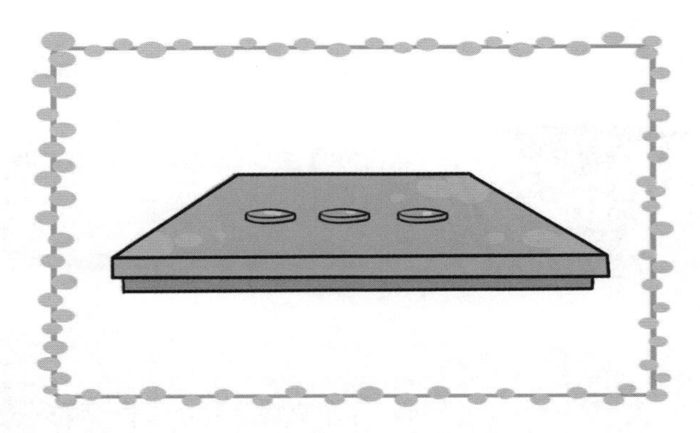

准备工作

- 3 枚硬币
- 光滑的桌子

跟我一起做

1

将 3 枚硬币在桌子上排成一排，让前两枚碰在一起。

2

用拇指按住中间的一枚，然后把稍远一点的硬币向它们弹过去。

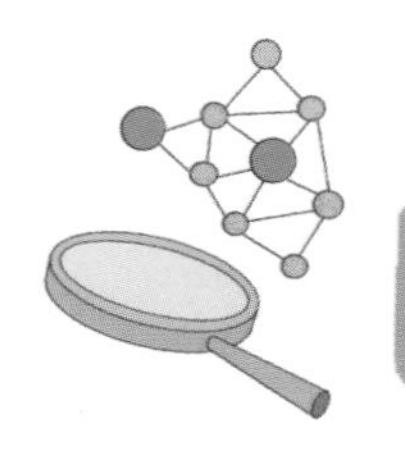

观察结果

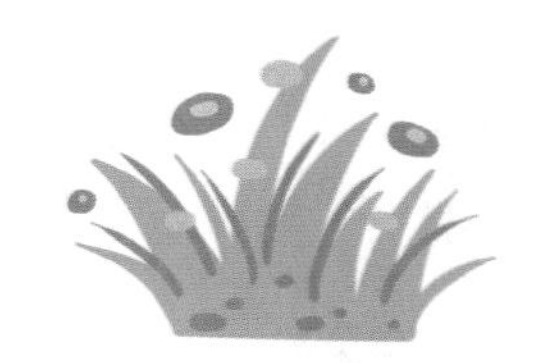

尽管被按住的那枚硬币没有动，但是和它接触的那枚硬币却被弹了出去。

怪博士爷爷有话说

小朋友们知道吗？在实验中，当用一枚硬币弹向中间的硬币时，中间的硬币受到冲击，其实会发生肉眼看不到的收缩变形，并在瞬间朝着相反方向扩张，然后立刻恢复了原来的形状，硬币的这种扩张力，在瞬间传到了接触它的那枚硬币上，于是接触它的硬币就被弹了出去。

56. 腾云驾雾的仙女

准备工作

- 两张硬纸板
- 彩色笔
- 一把剪刀
- 一瓶胶水

剪的时候一定要小心！不要剪到手，也别剪坏了“仙女”。

跟我一起做

在一张硬纸板上用彩色笔画一个仙女，然后用剪刀剪下来。

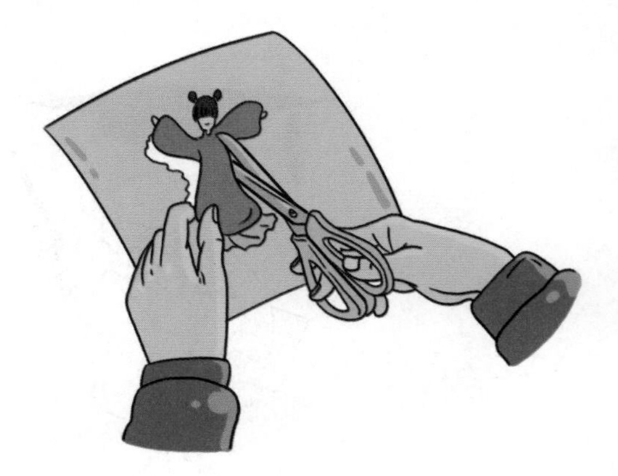

在另一张硬纸板上画出蓝天和白云。

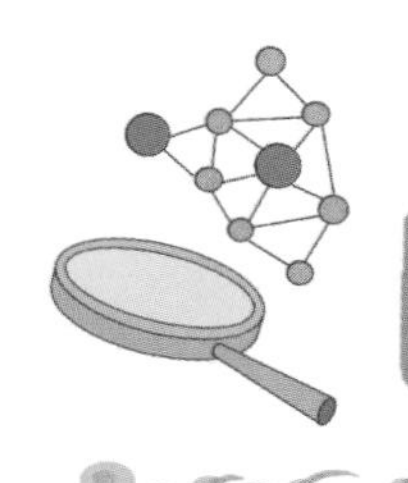

把剪好的仙女垂直放在桌子上，用胶水粘好。然后把画有蓝天和白云的硬纸板放在后面，沿着桌子移动画有蓝天和白云的硬纸板，从桌子的一端推向另一端。

眼睛紧紧盯着画有蓝天和白云的硬纸板，会发现什么现象？

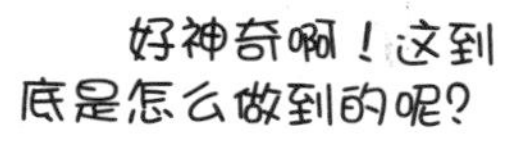

观察结果

你会发现，仙女居然在白云上飞起来了，好像腾云驾雾一般。

好神奇啊！这到底是怎么做到的呢？

怪博士爷爷有话说

这是一个关于相对运动的实验，物体的运动与静止是相对参照物而言的。当眼睛紧紧盯着画有蓝天和白云的硬纸板时，就是把硬纸板当成了参照物。这样相对于画有蓝天和白云的硬纸板来说，运动的就是仙女了。这种用移动背景来显示人物的动作的镜头，是电视、电影经常采用的技术手法之一。

57. 撞飞的硬币

准备工作

- 一把尺子
- 两枚硬币

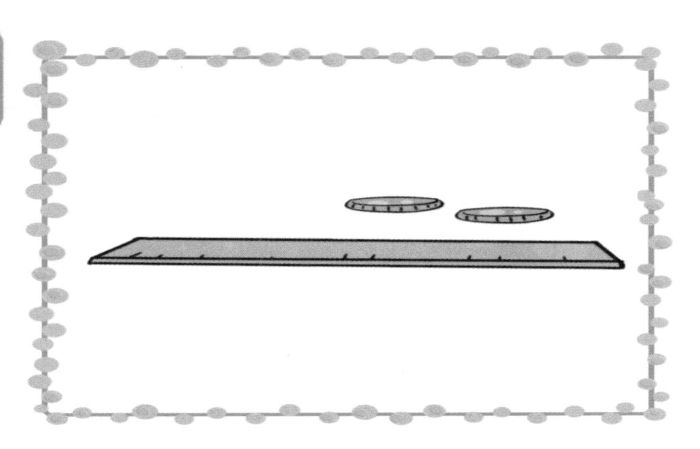

跟我一起做

把尺子放在一个光滑的桌面上。

让一枚硬币紧贴尺子的一端。

让另一枚硬币在滑动中使劲儿撞向尺子的另一端。

滑动硬币时要对准尺子，可以多试几次。
看一看，似乎发生了很奇妙的事情！

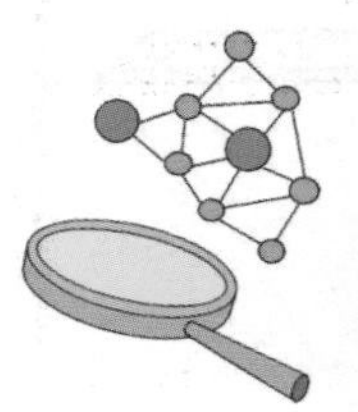

观察结果

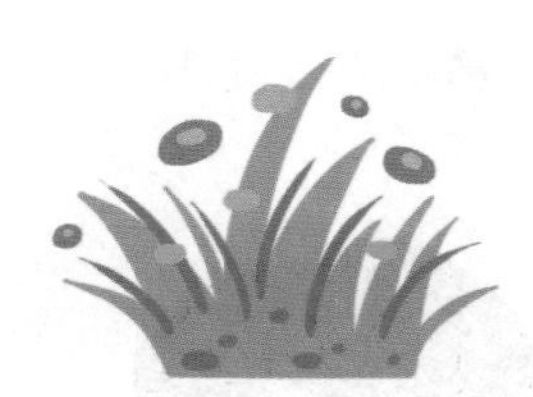

你推出的硬币撞到尺子以后，另一端的硬币好像直接被推出的硬币撞了一样，飞了出去。

怪博士爷爷有话说

运动的硬币撞击到尺子后，把力传给了尺子，使尺子开始运动。尺子运动撞击到另一枚硬币后，又把力传给了另一枚硬币，使另一枚硬币开始运动。

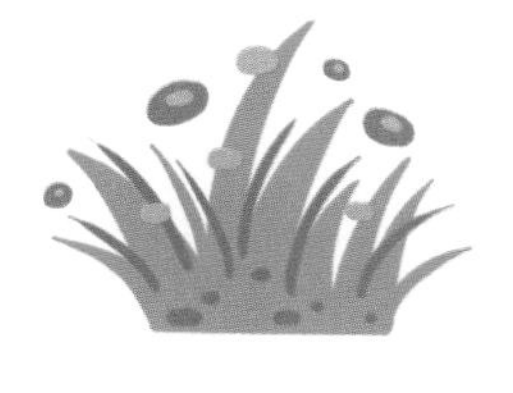

参考文献

[1] 杨沫沫 . 我的第一本趣味科学游戏书 [M]. 北京：中国画报出版社，2012.

[2] 王剑锋 . 最爱玩的 300 个科学游戏 [M]. 天津：天津科学技术出版社，2012.

[3] 刘金路 . 儿童科学游戏 365 例 [M]. 长春：吉林科学技术出版社，2013.

[4] 丹 格林 . 世界上好玩的科学书 [M]. 长沙：湖南少年儿童出版社，2012.